IL MANUALE DEL
COLTIVATORE DI VERMI

Una guida per agricoltori al vermicomposting, alla vermicoltura e alla realizzazione di contenitori per i vermi

Don T. Hansen

SOMMARIO

- Monitoraggio della salute e del comportamento dei vermi
- Prevenire e affrontare problemi comuni (acari, odori, ecc.)

CAPITOLO 6: PRATICHE DI RACCOLTA (Pag. 74-83)

- Come raccogliere i rigetti di lombrico
- Le migliori tecniche per la raccolta del vermicompost
- Separazione dei vermi dal vermicompost per la massima efficienza

CAPITOLO 7: UTILIZZO DI VERMIGITI E VERMICOMPOST (Pag. 84-95)
- Applicazione dei vermi nel giardinaggio e nell'agricoltura
- Benefici nutrizionali per la salute delle piante e del suolo
- Come massimizzare l'impatto del vermicompost nell'agricoltura biologica

- Innovazioni nelle tecniche di lombricoltura
- La crescente domanda di vermicoltura e vermicompost
- Come gli allevatori di lombrichi possono sostenere gli sforzi di sostenibilità

CAPITOLO 11: CONCLUSIONE FINALE: UNA GUIDA AL SUCCESSO PER UN ALLEVATORE DI VERMI (Pag. 127-136)

- Suggerimenti finali per un fiorente allevamento di lombrichi
- Come continuare ad apprendere e crescere nell'allevamento di lombrichi
- Risorse e reti di supporto per i lombricoltori

INTRODUZIONE ALLA
LOMBRICOLTURA

La lombricoltura, nota anche come vermicoltura, è la tecnica di coltivazione dei lombrichi per compostare e migliorare il terreno. Negli ultimi anni ha ricevuto molta attenzione, non solo come passatempo, ma come attività importante per incoraggiare la sostenibilità e la salute del suolo. La procedura fornisce un ambiente in cui i lombrichi possono vivere, riprodursi e convertire i rifiuti organici in compost ricco di nutrienti noto come vermicompost o vermicompost. Questa introduzione ti guiderà attraverso i fondamenti dell'allevamento di lombrichi, il suo ruolo in agricoltura e il motivo per cui creare il tuo allevamento di lombrichi può essere soddisfacente e utile dal punto di vista ambientale.

Cos'è la lombricoltura?

La lombricoltura è la coltivazione di alcune specie di lombrichi con l'obiettivo di riciclare i rifiuti organici in compost di alta qualità. Le principali specie utilizzate nell'allevamento dei lombrichi sono il Lombrico rosso (Eisenia fetida) e il Nottambulo europeo (Eisenia hortensis), entrambi efficaci nel digerire materiali organici e creare rigetti ricchi di sostanze nutritive. Questi getti, spesso noti come **"oro nero"** da giardinieri e agricoltori, sono un ottimo fertilizzante organico che migliora la struttura del terreno, favorisce lo sviluppo delle piante e aumenta l'attività microbica nel terreno.

Si sta costruendo un ambiente controllato in cui i vermi sono tenuti in contenitori o letti rivestiti con materiali organici come carta sminuzzata, foglie o fibra di cocco. Questi contenitori vengono poi riempiti con rifiuti organici come bucce di frutta, scarti di verdura, fondi di caffè e altri oggetti biodegradabili. I vermi consumano questi materiali, scomponendoli e trasformandoli in vermicompost. Questa procedura non solo riduce i rifiuti, ma genera anche una risorsa utile per l'agricoltura e il giardinaggio.

L'allevamento dei lombrichi differisce dalle tecniche di compostaggio standard in quanto enfatizza i vermi come principali agenti di decomposizione. Il compostaggio tradizionale utilizza i microbi per scomporre i detriti organici, ma l'allevamento dei lombrichi accelera il processo, producendo vermicompost con un maggiore contenuto nutrizionale.

Il significato dei lombrichi in agricoltura e nel compostaggio

I lombrichi sono conosciuti come "l'aratro della natura" per la loro capacità di aerare il terreno e decomporre i materiali organici. La loro funzione in agricoltura è a dir poco critica. I lombrichi scavano nella terra, creando tunnel che consentono all'aria e all'acqua di raggiungere le radici delle piante in modo più efficiente. Questo processo, noto come **bioturbazione**, migliora la struttura del terreno, diminuisce la compattazione e promuove una maggiore crescita delle radici, con conseguente piante più sane.

Oltre alla loro influenza fisica sul suolo, i lombrichi svolgono un ruolo importante nel ciclo dell'azoto. Quando ingeriscono materiale organico, lo scompongono in piccoli pezzetti che sono più facilmente disponibili per le piante. Gli escrementi di lombrico includono nutrienti critici come azoto, fosforo e potassio, necessari per lo sviluppo delle piante. Questi nutrienti vengono distribuiti gradualmente, garantendo che le piante ricevano una quantità costante di cibo.

I lombrichi contribuiscono anche ad aumentare la varietà microbiologica del terreno. Il loro tratto digestivo favorisce la crescita di batteri e funghi benefici, che aiutano nella scomposizione dei materiali organici e nella disponibilità di nutrienti per le piante. In un ecosistema del suolo sano, i lombrichi collaborano con i microbi per produrre un ambiente equilibrato che promuove l'agricoltura sostenibile.

I lombrichi contribuiscono notevolmente al processo di decomposizione nel compostaggio. I cumuli di compost tradizionali possono richiedere diversi mesi per scomporre il materiale organico, ma la lombricoltura accelera il processo consentendo ai vermi di ingerire e trasformare il materiale in compost utile molto più rapidamente. L'allevamento di lombrichi è un'alternativa efficace ed ecologicamente vantaggiosa per la gestione dei rifiuti organici, soprattutto in contesti agricoli urbani o su piccola scala con spazio e tempo limitati.

Perché avviare un allevamento di lombrichi?

Avviare un allevamento di lombrichi presenta diversi vantaggi, sia per l'ambiente che per chi desidera migliorare le proprie pratiche di giardinaggio o agricole. Ecco alcuni validi motivi per considerare di avviare un allevamento di lombrichi:

1. Gestione ecologica dei rifiuti: L'allevamento di lombrichi è un ottimo metodo per riciclare i rifiuti organici. Invece di buttare via gli avanzi di cibo, i ritagli di giardino e altri oggetti biodegradabili, dallo ai tuoi vermi. Ciò riduce al minimo le emissioni di metano dalle discariche, preserva lo spazio nelle discariche e converte i rifiuti in una risorsa benefica per il tuo giardino o fattoria.

2. Produzione sostenibile di fertilizzanti: Il compost di vermi è un fertilizzante organico ricco che può favorire la salute del suolo e lo sviluppo delle piante. Il vermicompost, a differenza dei fertilizzanti artificiali, è completamente naturale e innocuo per l'ambiente. La sua caratteristica di rilascio lento garantisce che le piante assorbano i nutrienti in modo coerente nel tempo, limitando la perdita di nutrienti e diminuendo il pericolo di un'eccessiva fertilizzazione.

3. Piante e suolo più sani: I getti di lombrico forniscono importanti sostanze nutritive di cui le piante hanno bisogno per crescere. Includono anche batteri utili che aiutano a controllare le malattie delle piante e promuovono la fertilità del suolo. L'uso del vermicompost può migliorare la salute generale del terreno, stimolare una migliore crescita delle radici e aumentare i raccolti in modo naturale e sostenibile.

4. Soluzione economicamente vantaggiosa: Per i giardinieri e le aziende agricole su piccola scala, la lombricoltura può essere una soluzione a basso costo per produrre compost di alta qualità in casa. Elimina la necessità di fertilizzanti commerciali e additivi per il terreno, risparmiando denaro e migliorando le prestazioni. Inoltre, una volta avviato, un allevamento di lombrichi non necessita di investimenti continui poiché i lombrichi si moltiplicano da soli e continueranno a generare compost finché saranno adeguatamente nutriti e curati.

5. Educativo e divertente: L'allevamento dei lombrichi non è solo utile, ma anche educativo e piacevole, in particolare per le famiglie, le scuole e le organizzazioni comunitarie. Fornisce preziose lezioni sulla sostenibilità, la biologia e l'ecologia. Guardare i lombrichi trasformare i rifiuti alimentari in compost benefico è un'esperienza soddisfacente che potrebbe stuzzicare il tuo interesse per la protezione dell'ambiente e il giardinaggio.

6. Avvio di una piccola impresa: Per le persone con ambizioni imprenditoriali, l'allevamento di lombrichi può essere trasformato in una piccola impresa. La vendita di lombrichi, escrementi di lombrichi e vermicompost a giardinieri, agricoltori e mercati biologici locali può comportare un reddito consistente.

L'allevamento dei lombrichi è un'attività di nicchia con un enorme potenziale di sviluppo, data la crescente domanda di tecniche agricole sostenibili, prodotti biologici e misure di riduzione dei rifiuti.

Per riassumere, l'allevamento dei lombrichi è un metodo molto sostenibile ed ecologico che offre numerosi vantaggi al suolo, alle piante e all'ambiente. Che tu sia un giardiniere domestico, un piccolo agricoltore o qualcuno che si preoccupa della riduzione dei rifiuti, avviare un allevamento di lombrichi è un ottimo modo per fare la differenza. I lombrichi sono molto importanti in agricoltura e nel compostaggio perché aiutano a mantenere sani gli ecosistemi del suolo e promuovono metodi agricoli sostenibili. Avviare un allevamento di lombrichi non è solo pratico, ma anche divertente, poiché offre vantaggi sia personali che ambientali.

CAPITOLO 1

COMPRENDERE LA VERMICULTURA

La vermicoltura, ovvero la tecnica di coltivazione e mantenimento dei lombrichi per ragioni agricole, sta guadagnando popolarità tra agricoltori e giardinieri alla ricerca di soluzioni a lungo termine per migliorare la fertilità del suolo e la salute delle piante. La vermicoltura si concentra sul legame simbiotico tra lombrichi e suolo, riconoscendo che questi animali unici svolgono un ruolo importante nel mantenimento di un ambiente sano.

Ha una serie di vantaggi per gli agricoltori. Innanzitutto, è un modo efficace per riciclare i rifiuti organici convertendo gli scarti di cucina, i detriti del giardino e altri materiali biodegradabili in vermicompost ricco di sostanze nutritive. Questo approccio non solo riduce i rifiuti nelle discariche, ma incoraggia anche un sistema a circuito chiuso in cui le risorse vengono riutilizzate, favorendo quindi la sostenibilità. Gli agricoltori che praticano la vermicoltura spesso scoprono che la loro dipendenza dai fertilizzanti artificiali diminuisce, poiché i getti di lombrichi forniscono gli elementi necessari che supportano un forte sviluppo delle piante.

Inoltre, la vermicoltura promuove l'aerazione del suolo e migliora la struttura. I lombrichi scavano tunnel nel terreno, formando canali che migliorano la penetrazione e il drenaggio dell'acqua. Questo processo naturale aiuta a ridurre la compattazione del suolo, consentendo alle radici di penetrare più in profondità e avere un migliore accesso all'umidità e ai nutrienti. Inoltre, il lavoro dei lombrichi aiuta nella decomposizione dei materiali organici, ricostituendo il terreno con humus e sostenendo una popolazione microbica sana.

Comprendere la vermicoltura implica anche apprezzare i benefici educativi che offre agli agricoltori. Gli agricoltori possono comprendere meglio la salute del suolo e l'equilibrio ecologico studiando il comportamento e le esigenze dei lombrichi. Queste informazioni consentono alle persone di fare scelte consapevoli riguardo alle proprie tecniche agricole, dando vita a sistemi agricoli più sostenibili e resilienti.

Specie di lombrichi coltivabili

Quando si parla di vermicoltura, non tutti i lombrichi sono uguali. Specie diverse hanno tratti distinti che le rendono adatte a diverse strategie agricole. Le seguenti sono alcune delle specie di lombrichi più spesso utilizzate nella vermicoltura:

1. Wiggler rossi (Eisenia fetida): I wiggler rossi vengono talvolta definiti il perfetto verme da compostaggio e prosperano in condizioni di rifiuti organici. Sono piccoli, raggiungono dai 3 ai 4 pollici di lunghezza e sono di colore bruno-rossastro. I wiggler rossi sono mangiatori voraci, consumano ogni giorno fino alla metà del loro peso corporeo in materiali organici, rendendoli ideali per il compostaggio domestico. Il loro rapido tasso riproduttivo consente loro di proliferare velocemente, mantenendo una fornitura costante di vermi per gli agricoltori.

2. Nottambuli europei (Eisenia hortensis): Questi vermi sono più grandi dei wiggler rossi e possono crescere fino a 6 pollici di lunghezza. I nightcrawler europei sono ottimi per il compostaggio e le esche da pesca, rendendoli un'opzione flessibile per gli agricoltori. Preferiscono temperature leggermente più basse e sono noti per la loro capacità di scavare più in profondità nel terreno, il che aiuta l'aerazione e la distribuzione dei nutrienti.

3. Nottambuli africani (Eudrilus eugeniae): Questi vermi, originari dell'Africa, sono più grandi e si sviluppano più rapidamente dei loro cugini europei. Possono crescere fino a 8 pollici di lunghezza e prosperare nelle regioni calde. I nightcrawler africani sono particolarmente adatti alle regioni tropicali, dove possono degradare in modo efficiente i materiali organici e creare vermicompost di alta qualità.

4. Vermi rossi (Lumbricus rubellus): I lombrichi, come i vermi rossi, sono spesso visti nei sistemi di compostaggio. Sono efficaci nel decomporre i rifiuti organici e possono resistere a temperature più basse, il che li rende ideali per la vermicoltura all'aperto nelle zone temperate.

La selezione delle specie appropriate per la vermicoltura è importante per il successo dell'operazione. Gli agricoltori dovrebbero considerare la temperatura, l'area disponibile e il tipo di rifiuti organici da digerire durante la selezione delle specie di lombrichi.

L'impatto dei vermi sulla salute del suolo e sulla crescita delle piante

L'importanza dei lombrichi nel migliorare la salute del suolo e lo sviluppo delle piante non può essere sottolineata. Queste creature sono spesso conosciute come "l'aratro della natura" per una buona ragione. Le loro azioni naturali hanno un impatto considerevole sulla qualità complessiva e sulla fertilità del suolo.

1. Aerazione del suolo: I lombrichi strisciano nel terreno, formando tunnel che migliorano l'aerazione. Questa procedura migliora la circolazione dell'aria, che favorisce lo sviluppo di batteri benefici del suolo. Il terreno aerato è anche migliore nel trattenere l'umidità, necessaria per le radici delle piante.

2. Ciclo dei nutrienti: I lombrichi svolgono un ruolo importante nel ciclo dei nutrienti decomponendo i rifiuti organici. Man mano che divorano i materiali in disintegrazione, li trasformano in getti densi di nutrienti. Questi getti includono nutrienti critici tra cui azoto, fosforo e potassio, che sono facilmente accessibili alle piante. Questo metodo di fertilizzazione naturale riduce la necessità di fertilizzanti sintetici, ottenendo raccolti migliori.

3. Attività microbica: La presenza di lombrichi aumenta l'attività microbica nel suolo. I getti di lombrico nutrono batteri e funghi benefici, il che si traduce in un'ecologia vibrante che promuove la salute delle piante. Questi microbi aiutano a digerire i materiali organici, fornendo i nutrienti necessari per lo sviluppo delle piante.

4. Miglioramento della struttura del suolo: I lombrichi aiutano a formare aggregati del suolo, che sono raggruppamenti di particelle di terreno che migliorano la struttura del suolo. Una struttura sana del suolo migliora la ritenzione idrica e il drenaggio, consentendo alle radici di accedere meglio ai nutrienti e all'umidità.

5. Soppressione della malattia: Secondo la ricerca, i lombrichi possono aiutare a prevenire alcune malattie trasmesse dal suolo. Le comunità microbiche benefiche promosse dall'attività dei lombrichi possono competere con agenti patogeni pericolosi, riducendo il rischio di malattie delle piante.

Pertanto, la vermicoltura è uno strumento efficace per gli agricoltori che desiderano migliorare la salute del suolo e incoraggiare metodi agricoli sostenibili. Raccoglierai i vantaggi naturali dei lombrichi riconoscendo il loro valore e scegliendo le specie appropriate per la loro attività. L'integrazione della vermicoltura nelle tecniche agricole non solo migliora la fertilità del suolo, ma apporta anche benefici alla salute dell'ecosistema, incoraggiando un futuro agricolo più sostenibile.

CAPITOLO 2

VERMICOMPOSTAGGIO

Le basi dell'allevamento dei lombrichi

La vermicoltura, o allevamento di lombrichi, si basa su un processo noto come vermicompostaggio. Questo processo naturale ed ecologico si basa sull'attività dei vermi per trasformare i rifiuti organici in un compost ricco e denso di sostanze nutritive. Il vermicomposting è il fondamento dell'agricoltura sostenibile e dei metodi di giardinaggio ecologicamente responsabili, fornendo un modo efficace per riciclare i rifiuti organici riducendo al minimo la necessità di fertilizzanti sintetici. Comprendere il vermicompostaggio è fondamentale per chiunque cerchi di migliorare la qualità del suolo, promuovere lo sviluppo delle piante e contribuire a un sistema agricolo circolare. In questo tutorial approfondito esamineremo in modo approfondito cos'è il vermicomposting, come funziona e i numerosi vantaggi che offre ad aziende agricole e giardini.

Cos'è il vermicompostaggio?

Il vermicomposting è il processo mediante il quale i vermi, tipicamente i vermi rossi (Eisenia fetida) o i nightcrawler europei (Eisenia hortensis), degradano i detriti organici in un materiale ricco di sostanze nutritive noto come vermicast o vermicompost. Questa materia organica comprende scarti di cucina, foglie, detriti del giardino e altre cose biodegradabili che altrimenti potrebbero finire in una discarica. La digestione dei vermi produce una sostanza nera e friabile, ricca di nutrienti accessibili, fondamentali per la salute delle piante.

Giardinieri e agricoltori chiamano comunemente "oro nero" i getti di lombrico a causa del loro alto contenuto nutrizionale. Questi nutrienti sono necessari per lo sviluppo delle piante, inclusi azoto, fosforo, potassio e oligoelementi come calcio e magnesio. È importante sottolineare che il vermicompost include batteri utili che migliorano la salute del suolo e promuovono le interazioni simbiotiche di cui le piante hanno bisogno per crescere.

Si differenzia dai processi di compostaggio standard, che dipendono principalmente da batteri e funghi per decomporre la materia organica attraverso la produzione di calore. Il vermicompostaggio avviene a temperature più basse, consentendo ai lombrichi di rimanere attivi producendo allo stesso tempo un prodotto più stabile adatto all'applicazione immediata in giardini o campi.

Sebbene il vermicompostaggio sia un processo naturale, la creazione di un sistema efficiente e produttivo richiede un'attenta progettazione e attenzione ai dettagli. Diamo uno sguardo più approfondito a ogni fase del vermicomposting.

Impostazione del contenitore per i vermi

Il primo passo per un vermicompostaggio efficace è creare un buon contenitore per i vermi. I contenitori sono disponibili in una varietà di forme e dimensioni, che vanno dai semplici contenitori fai-da-te in legno o plastica ai complicati sistemi di vermicoltura professionali. Qualunque cosa tu scelga, il contenitore dovrebbe consentire una circolazione e un drenaggio dell'aria sufficienti, poiché i vermi prosperano in situazioni con abbastanza ossigeno e lieve umidità.

Per la maggior parte delle attività su piccola scala, come il giardinaggio in giardino, andrebbe bene un contenitore costituito da una vasca di plastica o una scatola di legno con fori per l'aria. Rivesti il contenitore con materiale per la lettiera, come giornali sminuzzati, cartone, fibra di cocco o paglia. Questa lettiera consente ai vermi di scavare e trattiene l'umidità. Il materiale della lettiera funge anche da prima fonte di cibo per i vermi mentre si adattano al nuovo ambiente.

Il contenitore deve essere conservato in un'area fresca e ombreggiata, sia all'interno che all'esterno. I vermi non possono prosperare alla luce solare diretta o a temperature rigide, quindi è fondamentale mantenere un clima costante.

Scegliere i vermi giusti

Non tutti i lombrichi sono adatti al vermicompostaggio. Il wiggler rosso (Eisenia fetida) e il nottambulo europeo (Eisenia hortensis) sono le specie ideali per questa tecnica. I wiggler rossi, in particolare, sono apprezzati per la loro capacità di prosperare in materiale organico poco profondo e denso e di riprodursi rapidamente, mantenendo una popolazione consistente per la lavorazione dei rifiuti. Questi vermi vivono in superficie, mentre i lombrichi scavano più in profondità nel terreno. I nightcrawler europei, sebbene più grandi e più lenti a riprodursi rispetto ai wiggler rossi, sono un'opzione popolare per gli impianti di vermicompostaggio su larga scala perché possono digerire più rifiuti contemporaneamente. Entrambe le specie possono consumare quasi la metà del loro peso in cibo al giorno, trasformandolo in ricchi casti neri.

Nutrire i vermi

I lombrichi in un sistema di vermicompostaggio necessitano di una dieta variata di rifiuti organici. Questo spesso comprende scarti di frutta e verdura, fondi di caffè, foglie di tè, gusci d'uovo rotti e alcune forme di rifiuti da giardino, come piante o foglie morte. Certi beni vanno evitati perché potrebbero ferire i vermi o sconvolgere l'equilibrio del sistema. Evita carne, latticini, cibi grassi, bucce di agrumi, cipolle e aglio poiché potrebbero attirare insetti, emettere aromi sgradevoli o rendere il contenitore eccessivamente acido.

PI rifiuti alimentari devono essere tagliati o triturati in pezzetti più piccoli per accelerare il processo di decomposizione. Man mano che i vermi digeriscono il pasto, lo convertono in rigetti, che contengono i nutrienti originali ma sono più accessibili alle piante.

Mantenere l'ambiente

Umidità e temperatura:
I vermi hanno bisogno di un'atmosfera umida per vivere, ma non troppo bagnata. La biancheria da letto dovrebbe sembrare una spugna strizzata, umida ma non bagnata. Troppa umidità può creare condizioni anaerobiche, soffocando i vermi e favorendo la diffusione di germi pericolosi. Se il contenitore si asciuga troppo, i vermi potrebbero disidratarsi e perdere la capacità di metabolizzare il materiale organico.

31

Mantenere la temperatura adeguata è altrettanto cruciale. L'intervallo di temperatura ideale per il vermicompostaggio è compreso tra 13 °C e 25 °C (da 55 °F a 77 °F). Se la temperatura sale troppo, i vermi potrebbero morire o tentare di lasciare il contenitore. Allo stesso modo, se la temperatura scende troppo, la loro attività rallenta e potrebbero diventare dormienti. I sistemi di vermicompostaggio all'aperto potrebbero richiedere ulteriori precauzioni per isolare il contenitore durante i mesi invernali o proteggerlo dal caldo intenso in estate.

Raccolta del vermicompost:
Dopo molti mesi di alimentazione costante e cura dei vermi, il contenitore per il vermicompostaggio sarà pieno di rigetti di lombrichi ricchi di sostanze nutritive. Ora è il momento di raccogliere il vermicompost. Un'opzione è spostare il contenuto del contenitore da un lato e riempire il lato vuoto con nuova lettiera e cibo. I vermi alla fine si

trasferiranno nella loro nuova riserva di cibo, lasciando dietro di sé i rigetti.

I getti sono neri e friabili, con un forte aroma terroso. Possono essere utilizzati direttamente nel giardino o nella fattoria per migliorare la qualità del terreno, oppure setacciati per eliminare qualsiasi materiale non trasformato e vermi.

Il vermicompost può essere utilizzato in una varietà di applicazioni, a seconda delle vostre esigenze. Nei giardini, può essere miscelato nel terreno attorno alle piante o utilizzato come condimento superiore per migliorare la struttura del suolo e la ritenzione dell'umidità. In agricoltura, può essere applicato a regioni più ampie come fertilizzante a lenta cessione che offre supporto nutrizionale a lungo termine. Il vermicompost può anche essere aggiunto al terriccio per aiutare le piante da interno a crescere.

Inoltre, il vermicompost può essere trasformato in un liquido noto come compost tea, che è un fertilizzante altamente concentrato adatto per l'alimentazione fogliare o per i sistemi di irrigazione a goccia.

Vantaggi del vermicompostaggio per la tua fattoria o il tuo giardino

Il vermicompostaggio presenta numerosi vantaggi che vanno oltre la semplice riduzione dei rifiuti. Ecco alcuni dei vantaggi più importanti:

Fertilizzante ricco di sostanze nutritive:
L'alto contenuto nutrizionale del vermicompost è uno dei motivi principali per cui agricoltori e giardinieri lo adorano così tanto. Contiene nutrienti vitali per le piante tra cui azoto, fosforo, potassio, calcio, magnesio e oligoelementi. Questi nutrienti vengono distribuiti gradualmente nel tempo, consentendo alle piante di assorbire ciò di cui hanno bisogno durante lo sviluppo. Questo rilascio costante implica che il vermicompost continua a nutrire le piante molto tempo dopo essere stato applicato, a differenza dei fertilizzanti sintetici, che

possono offrire un apporto nutrizionale immediato ma si esauriscono presto.

Struttura del suolo migliorata:
Il vermicompost aumenta le qualità fisiche del suolo migliorando la ritenzione idrica e la capacità di drenaggio. La materia organica contenuta nel vermicompost contribuisce a una struttura friabile del terreno, consentendo alle radici di penetrare più rapidamente e ottenere acqua e minerali. Questa migliore struttura del suolo riduce inoltre al minimo la probabilità di compattazione, un problema tipico nelle aree agricole e nei giardini con terreni molto argillosi.

Aumento dell'attività microbica:
Il vermicompost è ricco di microrganismi utili come batteri, funghi e protozoi. Questi batteri svolgono un ruolo importante nella salute del suolo decomponendo i detriti organici, riciclando i nutrienti e inibendo gli agenti patogeni pericolosi. Questi batteri presenti nel vermicompost contribuiscono alla formazione di

un ambiente del suolo vivo e dinamico che promuove lo sviluppo sano delle piante.

Miglioramento della salute e dei rendimenti delle piante:

Secondo la ricerca, le piante prodotte con vermicompost sono più sane e più produttive. Il vermicompost non solo fornisce nutrienti essenziali, ma aiuta anche le piante a stabilire sistemi radicali più forti, rendendole più resistenti alle sfide ambientali come la siccità e le malattie. Secondo gli studi, le piante prodotte con vermicompost possono produrre frutta, verdura o fiori più grandi e di qualità superiore, offrendo notevoli vantaggi sia ai giardinieri domestici che alle aziende agricole commerciali.

Benefici ambientali:

Il vermicompostaggio presenta numerosi vantaggi ambientali. Rimuovendo i rifiuti organici dalle discariche, si contribuisce a ridurre al minimo le emissioni di metano, un forte gas serra. Il vermicompostaggio riduce anche la necessità di fertilizzanti artificiali, che possono defluire nelle falde acquifere e contribuire all'inquinamento idrico. Il vermicompostaggio incoraggia un approccio più sostenibile e rispettoso dell'ambiente all'agricoltura e al giardinaggio eliminando la necessità di input sintetici.

Risparmio sui costi:
Vermicompost offre ad agricoltori e giardinieri un'alternativa economica ai fertilizzanti e agli ammendanti convenzionali. Una volta istituito un sistema di vermicompostaggio, i lombrichi continueranno a generare getti con un input minimo, eliminando la necessità di acquistare fertilizzanti costosi o smaltire rifiuti organici. Nel corso del tempo, le riduzioni dei costi potrebbero essere significative, soprattutto per le imprese su larga scala.

Versatilità nell'applicazione:
Il vermicompost può essere utilizzato in diversi modi, rendendolo uno strumento adattabile per migliorare la salute del suolo. Può essere utilizzato direttamente nelle aiuole, mescolato

nel terriccio o combinato con il compost per l'alimentazione fogliare e i sistemi di irrigazione. L'adattabilità di Vermicompost ne consente l'utilizzo in quasi tutte le tecniche di giardinaggio o agricoltura, sia che si producano verdure, fiori, alberi o persino piante d'appartamento. Può essere utilizzato sia in terreni di crescita a base suolo che fuori suolo, come la coltura idroponica o il giardinaggio in contenitori.

Soppressione di parassiti e malattie:
Oltre a migliorare la salute del suolo, è stato dimostrato che il vermicompost aiuta a controllare alcune malattie e parassiti delle piante. I microbi benefici presenti nel vermicompost possono competere con gli agenti patogeni dannosi del terreno, riducendo il rischio di malattie come il marciume radicale e l'avvizzimento. Il vermicompost contiene anche chitinasi, un enzima che degrada gli esoscheletri di parassiti come nematodi e insetti, fornendo una soluzione naturale per il controllo dei parassiti. Inoltre, le piante coltivate con

vermicompost sono spesso più resistenti ai parassiti e alle malattie grazie al miglioramento della salute generale.

Impronta ambientale ridotta:
Il vermicompostaggio riduce la necessità di fertilizzanti chimici, insetticidi ed erbicidi, tutti dannosi per l'ambiente. I fertilizzanti chimici, ad esempio, spesso contribuiscono al deterioramento del suolo e all'inquinamento dell'acqua attraverso il deflusso, mentre i pesticidi possono danneggiare creature non bersaglio, come insetti utili e impollinatori. I giardinieri e gli agricoltori che utilizzano il vermicompost possono spostarsi verso tecniche più sostenibili ed ecologiche con un impatto ambientale ridotto.

Sostiene l'agricoltura biologica:
Il vermicompost è una risorsa vitale per gli agricoltori biologici. Segue metodi agricoli biologici, che promuovono la salute e la fertilità del suolo senza l'uso di input sintetici. Il vermicomposting supporta pratiche agricole

sostenibili aumentando la biodiversità del suolo, riducendo al minimo la dipendenza dai trattamenti chimici e incoraggiando un sistema a circuito chiuso in cui i rifiuti vengono riproposti come risorsa. Gli agricoltori biologici possono utilizzare il vermicompost per soddisfare le esigenze nutrizionali delle loro colture mantenendo l'integrità della loro certificazione biologica.

In sintesi, il vermicomposting è un processo potente e trasformativo che è al centro dell'agricoltura e del giardinaggio sostenibili. Sfruttando i processi naturali eseguiti dai lombrichi, il vermicompostaggio fornisce una soluzione al crescente problema dello smaltimento dei rifiuti organici e allo stesso tempo fornisce un prodotto straordinariamente prezioso di vermicompostaggio che può rinnovare i terreni e migliorare la salute delle piante. Che tu sia un coltivatore domestico su piccola scala o un'azienda agricola su larga scala, il vermicompostaggio può essere personalizzato per soddisfare le tue esigenze, offrendo vantaggi sia economici che ambientali.

Poiché la necessità mondiale di metodi agricoli sostenibili continua a crescere, il vermicompostaggio si distingue come una tecnica semplice ma efficace per ripristinare la fertilità del suolo, aumentare i raccolti e contribuire a un pianeta più verde. La sua capacità di trasformare i rifiuti in denaro rende il vermicompostaggio non solo una pietra miliare della lombricoltura, ma un aspetto critico per il futuro dell'agricoltura nel suo complesso. Dall'allestimento del contenitore per i lombrichi al godimento dei piaceri del vermicast ricco di sostanze nutritive, il processo è gratificante e ci ricollega al suolo e ai cicli della vita che lo mantengono.

CAPITOLO 3

IMPOSTA IL TUO ALLEVAMENTO DI VERMI

Avviare un allevamento di lombrichi è un metodo gratificante e responsabile dal punto di vista ambientale per riciclare i rifiuti organici, produrre compost ricco di nutrienti e promuovere tecniche di giardinaggio sostenibili. Tuttavia, per avere successo, la fattoria deve essere allestita correttamente, garantendo che i tuoi vermi prosperino nelle migliori condizioni possibili. Ecco una guida passo passo per avviare un allevamento di lombrichi, completa di istruzioni precise per garantire che tutto vada bene fin dall'inizio.

Scelta del contenitore e della posizione adatti per i vermi

Il primo passo per avviare il tuo allevamento di lombrichi è scegliere un contenitore per lombrichi adeguato. Il contenitore è l'habitat dei tuoi vermi e deve offrire il giusto equilibrio tra umidità, aria e spazio affinché possano sopravvivere e moltiplicarsi. I contenitori per i vermi sono disponibili in diverse forme e dimensioni, quindi selezionarne uno che soddisfi le tue esigenze è fondamentale.

Tipi di contenitori per vermi:

Contenitori per vermi impilabili: Questi sono popolari grazie alla loro costruzione modulare. Ti consentono di creare strati man mano che la popolazione di vermi si espande e raccogliere il compost è semplice poiché i vermi viaggiano più in alto per trovare nuove fonti di cibo. Questo stile di contenitore è ideale per ambienti piccoli, come appartamenti o famiglie con poco spazio esterno.

Contenitori a livello singolo: Se disponi di un'area più grande, considera l'utilizzo di un contenitore fai-da-te a un livello o di base. Questi contenitori possono essere costruiti in plastica o legno e hanno una copertura traspirante e fori di drenaggio sul fondo per evitare ristagni d'acqua.

Contenitori per coclee a flusso continuo: Questi sono più grandi e ideali per le persone che desiderano espandere le proprie attività di allevamento di lombrichi. Questi contenitori ti consentono di nutrire continuamente i lombrichi e raccogliere il compost senza interrompere il sistema generale.

Considerazioni sulle dimensioni: La dimensione del contenitore dovrebbe corrispondere alla quantità di rifiuti organici che desideri gestire. Una regola pratica tipica è che un piede quadrato di area del contenitore può contenere circa un chilo di rifiuti alimentari ogni settimana. Se prevedi di produrre più rifiuti, investi in un contenitore più grande o in molti più piccoli.

Materiale del contenitore: Anche i contenitori in plastica e legno sono scelte comuni. I contenitori di plastica sono leggeri, più facili da pulire e trattengono bene l'umidità. I contenitori in legno sono permeabili, il che aiuta nella regolazione dell'umidità; tuttavia col tempo possono deteriorarsi, soprattutto se continuamente esposti all'umidità. Se usi il legno, assicurati che non sia trattato, poiché le sostanze chimiche potrebbero essere dannose per i lombrichi.

Ventilazione e drenaggio: I vermi vogliono un'atmosfera umida, ma non troppo bagnata. Per evitare che la biancheria da letto si bagni, il contenitore deve contenere fori o prese d'aria per la ventilazione e il drenaggio. Troppa umidità potrebbe soffocare i vermi e far puzzare il contenitore. Alcuni contenitori per lombrichi includono un meccanismo di drenaggio integrato per raccogliere il "tè di vermi", che è un liquido ricco di sostanze nutritive che può essere utilizzato come fertilizzante per le piante.

Posizione del contenitore dei vermi

Il posizionamento del contenitore per i lombrichi è fondamentale per garantire la temperatura e l'habitat appropriati per i tuoi vermi. I vermi prosperano meglio a temperature comprese tra 13 °C e 25 °C (da 55 °F a 77 °F). Di conseguenza, il contenitore deve essere posizionato in una zona ombreggiata, lontano dalla luce solare diretta e dalle alte temperature.

Posizione interna: Scantinati, garage e persino cucine sono luoghi ideali per i contenitori interni per i vermi. Le temperature interne sono più stabili e il clima può essere facilmente monitorato e controllato.

Posizione all'aperto: Se vuoi posizionare la spazzatura all'esterno, scegli un'area coperta e protetta dagli elementi. Una veranda coperta o una casetta da giardino sono buone opzioni. Tuttavia, condizioni climatiche avverse, come estati torride o inverni freddi, possono richiedere ulteriori precauzioni per salvaguardare i vermi, come l'isolamento del contenitore.

Fare lettiera per i lombrichi

La biancheria da letto è una parte vitale di qualsiasi allevamento di lombrichi. Simula l'habitat naturale in cui crescono i vermi fornendo allo stesso tempo un sano equilibrio di aria, umidità e cibo.

I tessuti ideali per i materassi sono quelli che trattengono l'umidità pur consentendo una sufficiente circolazione dell'aria. Alcune alternative tipiche sono:

La carta triturata può essere ricavata da giornali, carta da ufficio o persino cartone. Tuttavia, evita stampe lucide o colorate, che potrebbero contenere sostanze chimiche pericolose.

La fibra di cocco è un'eccellente scelta naturale prodotta con fibre di buccia di cocco. È leggero, trattiene efficacemente l'umidità ed è privo di impurità.

Muschio di torba: Sebbene venga spesso utilizzato, il muschio di torba potrebbe essere troppo acido per i vermi se non utilizzato correttamente. Se usi la torba, combinala con altri materiali per la lettiera e tieni d'occhio l'equilibrio del pH per assicurarti che rimanga neutro.

Foglie secche: se hai accesso alle foglie secche, costituiscono un'ottima aggiunta alla tua biancheria da letto. Offrono una casa naturale per i vermi e possono essere raccolti gratuitamente dal tuo giardino.

Livello di umidità: I vermi hanno bisogno di umidità per respirare poiché assorbono l'ossigeno attraverso la pelle. La biancheria da letto deve essere umida, ma non inzuppata.

Un'ottima prova è prendere una manciata di biancheria da letto e comprimerla con forza; se fuoriescono solo poche gocce d'acqua, hai raggiunto il livello di umidità adeguato. Se fuoriesce acqua, la lettiera è eccessivamente umida e necessita di più materiale asciutto.

I vermi amano un intervallo di pH da neutro a leggermente acido. Controlla di tanto in tanto i livelli di pH della tua biancheria da letto. Se i livelli di acidità diventano troppo alti, cospargi i gusci d'uovo rotti nella spazzatura per aiutarli a neutralizzarli. Gli ambienti acidi possono causare una cattiva salute dei vermi o forse la morte.

Profondità del letto: Inizia con uno strato profondo da 4 a 6 pollici. Ciò fornisce materiale sufficiente affinché i vermi possano scavare e lavorare, creando allo stesso tempo spazio per i rifiuti alimentari. Man mano che i vermi digeriscono la lettiera e il cibo, si condenseranno e potresti aggiungere nuovi strati di lettiera secondo necessità.

Scegliere i vermi ideali per il tuo clima

Non tutti i vermi sono adatti a ogni ambiente, quindi scegliere il tipo giusto è fondamentale per garantire il successo della tua fattoria. La specie più frequentemente impiegata nella vermicoltura è l'Eisenia fetida (Red Wigglers), anche se altre specie possono essere accettabili a seconda della località.

Wigglers rossi (Eisenia fetida): Questi sono i vermi vermicomposting più utilizzati per la loro robustezza, rapida riproduzione e capacità di scomporre i rifiuti organici. Prosperano a temperature che vanno da 13°C a 25°C (da 55°F a 77°F), rendendoli adatti sia per allevamenti di lombrichi indoor che per installazioni all'aperto in climi temperati. Prosperano nella maggior parte degli habitat, ma possono rallentare a temperature estreme.

Nottambuli europei (Eisenia hortensis): Questi vermi sono più grandi dei Red Wigglers e prosperano nelle zone più fredde. Resistono a temperature più basse e possono essere utilizzati per contenitori per lombrichi all'aperto in climi freddi. Sono anche potenti scavatori, il che li rende un'eccellente aggiunta al terreno per migliorare le aiuole.

Nightcrawler africani: Se risiedi in una regione più calda, gli African Nightcrawlers sono un'ottima alternativa. Prosperano a temperature superiori a 70 ° F (21 ° C) e possono gestire il calore meglio dei Red Wigglers o dei Nightcrawler europei. Sono anche buoni composter, ma necessitano di calore e umidità più continui, il che li rende inadatti ai climi più freddi.

Vermi blu (Perionyx excavatus): Questi vermi tropicali eccellono nel compostaggio dei rifiuti organici, ma sono molto sensibili alle fluttuazioni di temperatura. Amano le condizioni estremamente calde e sono più adatti ai climi tropicali o subtropicali. Se il tuo ambiente è stabile e caldo, i vermi blu potrebbero essere una specie utile per il tuo allevamento di lombrichi.

Pertanto, la creazione di un allevamento di lombrichi richiede un'attenta considerazione, dalla scelta del contenitore appropriato alla selezione dei lombrichi migliori per il proprio ambiente. Fornendo un habitat appropriato, preparando correttamente la lettiera e scegliendo i vermi che prospereranno nella tua zona, sarai sulla buona strada per generare un ricco vermicompost per il tuo giardino o fattoria.

CAPITOLO 4

ALIMENTAZIONE E METODI DEI LOMBRICHI

Il successo del tuo allevamento di lombrichi dipende fortemente dall'efficacia con cui gestisci il loro cibo. Fornire la dieta adeguata nelle proporzioni appropriate promuove una popolazione di vermi robusta e attiva che trasforma efficacemente i rifiuti organici in vermicompost ricco di sostanze nutritive. Diamo un'occhiata alle esigenze alimentari dei lombrichi, compreso cosa dare loro, materie prime appropriate per mangimi, strategie di alimentazione e cosa evitare.

Cosa dare da mangiare ai vermi

Come già affermato, ad esi lombrichi sono decompositori, si nutrono di materiale organico e lo scompongono in particelle più piccole che possono essere ingerite. I vermi normalmente si nutrono di una vasta gamma di rifiuti organici, quindi è importante fornire un mix equilibrato che fornisca un habitat ricco di sostanze nutritive evitando allo stesso tempo elementi che potrebbero essere dannosi per loro.

I vermi spesso consumano quanto segue:

Scarti di frutta e verdura: I vermi amano gli avanzi della cucina ricchi di sostanze nutritive come bucce, torsoli e cotenne. Tuttavia, evita quantità eccessive di cibi acidi come agrumi e pomodori, poiché potrebbero alterare l'equilibrio del pH del contenitore dei vermi.

Fondi di caffè e bustine di tè: I fondi di caffè e le bustine di tè sono buone fonti di azoto, di cui i vermi hanno bisogno per svilupparsi. Assicurati che le bustine di tè siano biodegradabili e non contengano fibre sintetiche come la plastica.

Gusci d'uovo schiacciati: Pur non essendo una fonte di cibo, i gusci d'uovo finemente polverizzati sono un metodo eccellente per fornire calcio mantenendo allo stesso tempo il giusto livello di pH nel contenitore dei vermi.

Carta e cartone triturati: La carta di giornale (in piccole quantità e stampata con inchiostro a base di soia) o il semplice cartone possono fornire carbonio alla miscela, contrastando la spazzatura della cucina ricca di azoto. I vermi mangiano la carta mentre si degrada.
Un'idea cruciale è quella di fornire una varietà di opzioni per i pasti. Evitare di servire grandi quantità di un tipo di cibo alla volta.

Diversificare il pasto aiuterà i tuoi vermi a prosperare raggiungendo il giusto equilibrio nutrizionale.

Scarti di cucina: I migliori scarti di cucina includono bucce di verdure, torsoli di frutta, bucce di patate, bucce di mele e verdure a foglia verde. Anche gli alimenti ricchi di acqua, come cetrioli e meloni, sono utili poiché forniscono umidità al contenitore.

Letame: Lo sterco animale invecchiato di erbivori tra cui mucche, cavalli, conigli e capre è un'ottima fonte di cibo per i vermi. Il letame è ricco di nutrienti e facilmente digeribile, il che lo rende un ottimo alimento. È fondamentale, tuttavia, che il letame sia maturato per almeno alcuni mesi per evitare il surriscaldamento del contenitore per i vermi, poiché il letame nuovo può produrre calore eccessivo.

Rifiuti organici: Oltre ai rifiuti di cucina, l'erba tagliata, le foglie e i residui di piante sono ottime fonti di materiale organico. Tuttavia, assicurati che l'erba sia completamente asciutta prima di gettarla nella spazzatura per evitare di generare un'atmosfera calda e anaerobica.

Tutti gli ingredienti dei mangimi devono essere biologici e privi di pesticidi, erbicidi e sostanze chimiche. Una miscela di materiali verdi (ricchi di azoto) e marroni (ricchi di carbonio) fornisce ai vermi una dieta ben bilanciata.

Tecniche di alimentazione: quanto e quanto spesso?

Nutrire i vermi non riguarda solo ciò che si nutre, ma anche quanto e con quale frequenza. Un'alimentazione eccessiva o insufficiente potrebbe sconvolgere l'equilibrio nel contenitore dei vermi.

Quanto dare da mangiare: Ogni giorno i vermi possono assumere circa la metà del loro peso corporeo in cibo. Quindi, se hai mezzo chilo di vermi, possono digerire circa mezzo chilo di cibo ogni giorno. Inizia introducendo piccole quantità di cibo, aumentando gradualmente man mano che i vermi proliferano e la loro capacità alimentare si espande. È fondamentale non riempire eccessivamente il contenitore, poiché il cibo in eccesso si decompone, attira gli insetti ed emette aromi sgradevoli.

Quanto spesso dare da mangiare: I vermi possono essere nutriti una o due volte alla settimana, a seconda delle dimensioni della popolazione e del cibo disponibile. Puoi provare vari programmi di alimentazione per trovare l'equilibrio ideale, ma assicurati che non ci sia cibo non consumato prima di darne altro.

Stratificazione del cibo: Una strategia suggerita è nascondere il cibo sotto la biancheria in varie parti del contenitore. Ciò tiene a bada le mosche e gli odori. I vermi viaggeranno verso il cibo mentre si decompone.

Tritare il cibo: Tagliare o frullare il cibo in piccoli pezzetti accelera il processo di decomposizione e rende più semplice l'ingerimento dei vermi. Ciò è particolarmente efficace per oggetti più grandi o fibrosi, come le bucce di verdure.

Bilancio dell'umidità: I vermi prosperano in un ambiente umido, quindi mantieni il contenitore umido ma non impregnato d'acqua. Alcune materie prime per mangimi, come il melone o la lattuga, contengono naturalmente umidità, mentre i materiali secchi, come carta o cartone, possono assorbire liquidi in eccesso.

Cosa non dare da mangiare ai tuoi vermi (materiali tossici o nocivi)

Gli oggetti tossici o nocivi non dovrebbero essere dati ai vermi, nonostante la loro capacità di consumare la maggior parte dei rifiuti organici. Questi possono causare danni diretti ai vermi o interrompere l'equilibrio del sistema.

Agrumi e cibi acidi: Arance, limoni, lime e pomodori sono molto acidi e possono abbassare il pH del contenitore per i lombrichi, rendendolo ostile ai vermi. Piccole dosi possono andare bene, ma è meglio evitarle del tutto o usarle raramente.

Latticini e carne: Questi materiali si disintegrano lentamente ed emettono odori sgradevoli, attirando parassiti come ratti e mosche. Possono anche portare nel contenitore microrganismi pericolosi.

Cibi oleosi o grassi: I vermi hanno difficoltà a digerire qualsiasi cosa ricoperta di olio o grasso, poiché potrebbe ostruire la loro epidermide e interferire con la respirazione. Evitare l'uso di condimenti per l'insalata, burro o olio da cucina avanzati.

Alimenti trasformati: Evita di aggiungere conservanti, sale o altri additivi al contenitore per i vermi. Questi composti possono essere tossici per i vermi e non si degradano correttamente nella spazzatura.

Cipolle e aglio: Questi oggetti pungenti possono scoraggiare i vermi e danneggiare la salute generale del contenitore. Si consiglia di compostarli singolarmente.

Rifiuti animali domestici: I rifiuti degli animali carnivori (come cani o gatti) possono contenere infezioni e non dovrebbero mai essere gettati in un contenitore per i vermi. Solo lo sterco degli erbivori (di mucche, cavalli e conigli) è sicuro.

Seguendo queste istruzioni di alimentazione, manterrai il tuo allevamento di lombrichi sano e produttivo. Con una fornitura costante di pasti corretti e pratiche di alimentazione adeguate, i tuoi vermi genereranno con gioia un ricco vermicompost per nutrire le tue piante e il tuo giardino.

CAPITOLO 5

PRENDITI CURA DEI TUOI VERMI

L'allevamento dei lombrichi, in particolare nel contesto del vermicompostaggio, richiede un approccio pratico per garantire la salute e l'efficacia dei processi di decomposizione dei vermi. I vermi sono animali delicati che prosperano in un ambiente regolamentato dove l'umidità, l'equilibrio del pH e la temperatura sono mantenuti entro limiti accettabili. Insieme a questi elementi ambientali, è essenziale il monitoraggio continuo del loro comportamento e della loro salute. Essere consapevoli dei problemi tipici come insetti e cattivi odori aiuta a far funzionare bene il processo di compostaggio.

Mantenere umidità, pH e temperatura adeguati

Umidità:

I lombrichi respirano attraverso la pelle, quindi il loro habitat deve essere umido ma non troppo bagnato. Il livello di umidità nel contenitore per i vermi dovrebbe corrispondere a quello di una spugna strizzata. I vermi possono rallentare o addirittura morire se il contenitore è troppo asciutto. D'altra parte, se è eccessivamente umido, l'acqua in più riduce i livelli di ossigeno nel contenitore, forse annegando i vermi e causando condizioni anaerobiche che emettono cattivi odori.

Pertanto per mantenere i livelli di umidità ideali:

Controllare frequentemente la biancheria da letto: Se sembra asciutto, spruzzatelo delicatamente con acqua. Evita di immergerlo poiché l'acqua stagnante potrebbe uccidere i vermi.

Aggiungi capi asciutti: Se il contenitore si bagna troppo, aggiungere materiali asciutti come giornali o cartone triturati per assorbire l'umidità.

Utilizzare un buon drenaggio: Assicurati che il contenitore per i lombrichi abbia abbastanza fori di drenaggio per evitare l'accumulo di acqua e tieni sempre un vassoio sotto per raccogliere il liquido in eccesso (tè di lombrichi), che può essere utilizzato come fertilizzante.

Equilibrio del pH: I vermi preferiscono un intervallo di pH da leggermente acido a neutro, preferibilmente 6,0-7,0. I vermi saranno stressati se il contenitore diventa eccessivamente acido o alcalino, riducendo la loro capacità di decomporre efficacemente i rifiuti organici.

Condizioni acide possono svilupparsi quando vengono aggiunti troppi agrumi o altri rifiuti estremamente acidi, provocando un odore sgradevole e attirando parassiti come i moscerini della frutta.

Per mantenere un pH equilibrato:

- **Monitorare i livelli di pH:**

1. Controllare regolarmente l'acidità del contenitore utilizzando un pHmetro basico del terreno.

2. Limita l'uso di cibi acidi come arance, limoni e aceto. Questi possono essere utili con moderazione, ma non dovrebbero occupare il cestino.

3. Per neutralizzare l'acidità, aggiungere alla spazzatura una piccola quantità di gusci d'uovo rotti o di calce agricola. Questi forniscono anche il calcio, di cui i vermi hanno bisogno per digerire.

- **Temperatura:**

I vermi sono molto sensibili alle variazioni di temperatura. La maggior parte dei vermi da compostaggio, come i vermi rossi, amano temperature comprese tra 55 ° F (13 ° C) e 77 ° F (25 ° C). Temperature al di fuori di questo intervallo possono far sì che i vermi diventino dormienti o addirittura muoiano.

Per mantenere una temperatura adeguata:

1. Posizionare il contenitore per i vermi in un'area in cui non sarà esposto a temperature eccessive. Se è fuori, prova a portarlo dentro durante l'inverno o i caldi mesi estivi.

2. **Ventilazione**: Per evitare il surriscaldamento nella stagione calda, assicurarsi che ci sia sufficiente ventilazione intorno al contenitore. Se metti il bidone della spazzatura all'esterno, tienilo in un luogo ombreggiato.

3. Isolamento: Per evitare il congelamento durante i mesi invernali, isola il contenitore con biancheria da letto aggiuntiva o trasferiscilo in un luogo più caldo, come un seminterrato o un garage.

Monitoraggio della salute e del comportamento dei vermi

I vermi sani dovrebbero essere attivi, scavando nella lettiera e consumando il materiale organico che gli offri. Osservare il loro comportamento può aiutarti a determinare se stanno prosperando o lottando.

I vermi sani presentano le seguenti caratteristiche:

Movimento attivo: I vermi sani dovrebbero muoversi costantemente nella lettiera, consumando materiale organico.

Riproduzione: I vermi dovrebbero produrre bozzoli, indicando una popolazione sana. Se vedi piccoli bozzoli a forma di limone, questo è un buon segno.

Aspetto sano: I vermi dovrebbero essere carnosi e lucenti. I vermi magri, pallidi o pigri possono indicare stress o cattive condizioni ambientali.

Segnali di pericolo:

Aggregarsi o tentare di fuggire: Se vedi dei vermi che si raggruppano ai lati del contenitore o tentano di scappare, ciò potrebbe indicare condizioni sfavorevoli come mancanza di ossigeno, livelli di umidità inadeguati o uno squilibrio del pH.

Odori forti: Un contenitore sano per i lombrichi dovrebbe emettere un odore di terra. Eventuali odori forti o sgradevoli indicano un problema di fondo, che è spesso correlato all'eccesso di umidità o al cibo in decomposizione.

Vermi in superficie: Se i vermi si trovano spesso in superficie, potrebbe indicare che stanno cercando di evitare condizioni di lettiera inadeguate. Cerca segni di condizioni anaerobiche, un pH squilibrato o un accumulo di cibo non consumato.

Per mantenere i vermi sani:

Girare la biancheria da letto: Girare la lettiera settimanalmente garantisce che l'ossigeno raggiunga tutte le parti del contenitore, prevenendo la formazione di sacche anaerobiche.

Controllare l'alimentazione: Assicurati di non sovralimentarti. Il cibo non consumato può attirare parassiti e marcire, portando a cattive condizioni del contenitore.

Rimuovere il cibo in eccesso: Se i vermi non digeriscono il cibo abbastanza velocemente, rimuovilo prima che si decomponga troppo e causi circostanze pericolose.

Prevenire e affrontare problemi comuni (acari, odori, ecc.)

Anche negli allevamenti di lombrichi ben gestiti, potrebbero svilupparsi problemi. Ecco alcune delle difficoltà più diffuse e i modi per evitarle o gestirle:

- **Acari:**

Gli acari sono piccoli artropodi che prosperano in ambienti umidi. Sebbene la maggior parte degli acari presenti in un contenitore per lombrichi siano decompositori innocui, una forte infestazione potrebbe sopraffare i vermi e comprometterne l'efficacia. Gli acari tendono a crescere quando il contenitore è eccessivamente umido o contiene eccessivi rifiuti alimentari.

Per prevenire e controllare gli acari:

Ridurre l'umidità: Controlla i livelli di umidità del contenitore e modificali aggiungendo biancheria asciutta come cartone o giornali.

Evitare la sovralimentazione: Rimuovere i residui di cibo che potrebbero attirare gli acari.

Crea una zona asciutta: L'aggiunta di uno strato superficiale asciutto di biancheria da letto aiuta a scoraggiare la crescita degli acari.

- **Problemi di odore:**

Un contenitore per lombrichi ben mantenuto non dovrebbe emettere odori forti o sgradevoli. Se ciò si verifica, la ragione più probabile è uno squilibrio nell'umidità del contenitore, nei livelli di ossigeno o nel tipo di cibo fornito.

Per evitare e gestire gli odori:

Aumentare l'aerazione: Girare la biancheria da letto per assicurarsi che sia ben ventilata. Le condizioni anaerobiche sono spesso la fonte di odori sgradevoli.

Controllare gli sprechi alimentari: Assicurati di non aggiungere troppo cibo in una volta. Evitare di fornire quantità significative di cibo umido, come frutta e verdura, senza bilanciarle con materiale da lettiera asciutto.

Monitorare i livelli di pH: A volte gli odori possono essere creati da un contenitore troppo acido. Controlli regolari del pH e aggiustamenti con gusci d'uovo o lime possono aiutare a preservare l'equilibrio.

- **Moscerini della frutta e altri parassiti:**

Se il cibo non viene conservato correttamente, i contenitori per i lombrichi possono attirare parassiti come moscerini della frutta, formiche e persino ratti.

Per evitare e gestire i parassiti:

Coprire i rifiuti alimentari: Seppellisci sempre gli avanzi di cibo sotto il materasso per tenere lontani i parassiti. Uno spesso strato di biancheria da letto aiuta anche a proteggere il cibo.

Usa un coperchio o una copertura: Assicurarsi che il contenitore abbia un coperchio o una copertura sicura che consenta un'adeguata ventilazione. Alcuni coltivatori di lombrichi aggiungono uno strato di tela o stoffa sopra la biancheria da letto.

Ambiente pulito: Mantieni l'area attorno al contenitore libera da formiche e altre creature. Concentrandoti su questi fattori, mantenendo umidità, pH e temperatura ottimali, monitorando la salute dei vermi e risolvendo i problemi man mano che si presentano, sarai ben preparato a prenderti cura dei tuoi vermi e ad assicurare un sistema di vermicomposting di successo.

CAPITOLO 6

PRATICHE DI RACCOLTA

Quando si tratta di lombricoltura, la raccolta del prodotto finale ricco di sostanze nutritive o vermicompost è molto importante. Questa procedura deve essere eseguita con attenzione per garantire di ricevere la massima quantità di compost possibile senza danneggiare i lombrichi o rallentare la produzione del tuo allevamento di lombrichi. Diamo un'occhiata alle specifiche della raccolta dei vermi, ai processi efficaci di vermicompostaggio e a come rimuovere i vermi dai loro getti.

Come raccogliere gli escrementi di lombrico

I getti di lombrico sono un sottoprodotto ricco di nutrienti dei vermi che mangiano materiali organici. Questi getti sono molto apprezzati per la loro capacità di arricchire il suolo e migliorare la salute delle piante. Tuttavia, estrarli da un contenitore per lombrichi richiede un'attenzione meticolosa ai dettagli per evitare di sconvolgere i vermi o contaminare i rigetti con cibo crudo o lettiera.

Tempi di raccolta:
È meglio raccogliere i rigetti dopo che la maggior parte del contenuto organico nel contenitore per i lombrichi si è scomposto, cosa che di solito avviene dopo 3-6 mesi. A questo punto, il contenuto del contenitore dovrebbe apparire nero, friabile e terroso, con pochi resti di cibo o lettiera evidenti. La presenza di troppi materiali identificabili può indicare che il

processo di compostaggio non è completo, quindi è fondamentale attendere fino a quando non si è verificata la maggior parte della decomposizione.

Raccolta manuale o automatizzata:
A seconda delle dimensioni del tuo allevamento di lombrichi, puoi raccogliere i rigetti manualmente o automaticamente. I contenitori per lombrichi su piccola scala, come quelli utilizzati nei giardini domestici, di solito richiedono una vagliatura manuale, mentre le operazioni più grandi possono utilizzare strumenti meccanizzati come vagli vibranti o tamburi rotanti per separare i getti più rapidamente. Indipendentemente dal metodo utilizzato, l'obiettivo è raccogliere i getti puliti lasciando i lombrichi e la materia organica non trasformata nel contenitore.

Le migliori tecniche per la raccolta del vermicompost

La raccolta efficiente del vermicompost richiede tecniche che separino il compost utilizzabile dai lombrichi e dal materiale non finito. Esistono diversi approcci per raggiungere questo obiettivo, ciascuno adattato a una diversa scala di allevamento di lombrichi.

1. Il metodo di migrazione (separazione leggera):

La tecnica di migrazione è una delle più naturali e benefiche per i vermi. Ciò comporta incoraggiare i vermi a migrare da una parte all'altra del contenitore, lasciando dietro di sé vermicompost completo. Ecco come funziona.

Configura una nuova area di alimentazione: Metti la nuova lettiera e il cibo su un lato del contenitore per i vermi. Ciò attirerà i vermi nel nuovo segmento mentre si muovono verso il materiale organico fresco.

Attendi la migrazione: Nel corso di un periodo di circa una o due settimane, i vermi si trasferiranno gradualmente nella zona di alimentazione successiva, lasciando dietro di sé il vermicompost completato.

Raccogliere i getti: Una volta che la maggior parte dei lombrichi si sarà spostata, potrai semplicemente raccogliere il vermicompost dal lato opposto senza preoccuparti di ferirti o di perdere molti lombrichi.

Questo approccio richiede pazienza ma è perfetto per l'allevamento di lombrichi su piccola scala e fornisce il minimo stress ai vermi.

2. Il metodo di screening o vagliatura:

Per operazioni più grandi o quando il tempo è limitato, lo screening o la vagliatura può essere un approccio più efficace alla raccolta. Questo approccio prevede l'utilizzo di vagli o setacci di varie dimensioni per separare il vermicompost più fine dalle particelle più grandi, dai vermi e dal materiale non trattato. Ecco come farlo:

Utilizzare uno schermo a maglia fine: L'ideale è uno schermo con fori abbastanza larghi da consentire il flusso dei getti, ma abbastanza piccoli da intrappolare vermi e particelle organiche più grandi. I coltivatori di lombrichi utilizzano spesso schermi con fori da 1/8 a 1/4 di pollice.

Agitare con attenzione: Posiziona il vermicompost sullo schermo e scuotilo delicatamente in un contenitore. Il compost fine cadrà, lasciando sopra solo vermi e materiale incompleto.

Separare porzioni enormi: Pezzi più grandi di biancheria da letto o avanzi di cibo possono essere restituiti al contenitore per un'ulteriore decomposizione, mentre i rigetti vengono raccolti nel contenitore sottostante.

Questo approccio consente una raccolta più rapida ma richiede cautela per evitare di ferire i vermi.

Separare i vermi dal vermicompost per la massima efficienza

Per massimizzare l'efficienza, separa i lombrichi dal vermicompost. Separare i lombrichi dal vermicompost raccolto è essenziale per il successo del tuo allevamento di lombrichi. A seconda delle dimensioni della vostra attività, esistono vari metodi efficaci per farlo.

Il metodo della luce:
I vermi sono sensibili alla luce e scaveranno naturalmente più in profondità nel contenitore per evitare l'esposizione. Puoi utilizzare questo comportamento per distinguerli dal vermicompost.

Distribuire il vermicompost in mucchi: Dopo aver prelevato il compost dal contenitore, spargetelo in piccoli mucchietti su una zona piana.

Esporre alla luce: Illumina una luce intensa o metti le pile al sole. I lombrichi si nasconderanno per evitare il sole, lasciando gli strati superiori del compost liberi dai vermi.

Raccogli gli strati superiori: Dopo 10-15 minuti, raschia via gli strati superiori di vermicompost. Ripeti la procedura finché sul fondo non rimangono solo i vermi.

Questo approccio funziona bene per le piccole imprese o i dilettanti, ma può richiedere molto tempo su scala più ampia.

3. Il metodo del vassoio (sistemi flow-through)

Negli allevamenti di lombrichi più grandi a flusso continuo, viene impiegata una tecnologia a flusso continuo per raccogliere efficacemente il vermicompost senza la necessità di separare i vermi umani.

Rimozione del vassoio inferiore: In un sistema a flusso continuo, i vermi vengono conservati in vassoi impilati. Mentre processano il cibo, migrano verso nuovi vassoi riforniti di lettiera fresca e cibo, lasciando sotto il compost finito.

Raccolta dal vassoio inferiore: Una volta che il compost nel vassoio inferiore è stato completamente lavorato, puoi rimuovere l'intero vassoio di vermicompost senza disturbare i vermi sopra. Tutti i vermi rimasti nel vassoio possono essere semplicemente rimossi e reintrodotti nell'area attiva del contenitore dei vermi.
Questa tecnica è molto efficiente per operazioni su larga scala poiché consente la produzione continua di compost con tempi di inattività minimi per la raccolta.

La raccolta dei lombrichi e del vermicompost è un'operazione delicata ma gratificante, essenziale per la lombricoltura. Utilizzando procedure efficaci come il metodo di migrazione, lo screening o i sistemi a flusso continuo, puoi aumentare la produzione di compost mantenendo la popolazione di vermi sana ed efficiente. Ricordati di programmare correttamente i tuoi raccolti, di separare i lombrichi con cura e di cercare sempre soluzioni che riducano al minimo i disturbi al normale comportamento dei tuoi lombrichi. Ciò manterrà il tuo allevamento di lombrichi fruttuoso e le tue piante trarranno beneficio dal compost ricco di sostanze nutritive prodotto dai lombrichi.

CAPITOLO 7

UTILIZZANDO GETTI DI VORME E VERMICOMPOST

Gli stampi di lombrico e il vermicompost vengono talvolta definiti "oro nero" nel campo dell'agricoltura e del giardinaggio sostenibili. Sono estremamente utili non solo per il terreno, ma anche per le piante che vi crescono. I getti di lombrico, che sono essenzialmente sterco di lombrico, contengono una quantità concentrata di minerali e microbi utili. I vermi digeriscono il materiale organico, convertendolo in una forma che le piante possono facilmente assorbire. Il vermicompost, d'altra parte, è una combinazione di residui di lombrico e materia organica degradata che produce un ammendante del terreno ricco di sostanze nutritive.

Diamo un'occhiata a come possono essere utilizzati gli escrementi di vermi e il vermicompost, quali benefici nutrizionali forniscono e come gli agricoltori biologici possono massimizzare il loro impatto.

Applicazione dei vermicomposti nel giardinaggio e nell'agricoltura

I getti a vite senza fine sono un ammendante altamente flessibile che può essere utilizzato in una varietà di applicazioni. Che tu gestisca una grande fattoria o un piccolo giardino, gli ometti di lombrico sono un modo naturale per migliorare la fertilità del suolo e la salute delle piante.

1. Modifica del suolo: L'applicazione più comune per i vermicomposti è come fertilizzante naturale. Aggiungi semplicemente i vermi nei primi centimetri di terreno. Per giardini o terreni agricoli, applicare da 1 a 2 pollici di vermicompost sulla superficie prima di piantare. I getti rilasceranno gradualmente i nutrienti nel tempo, offrendo vantaggi a lungo termine alle piante. Gli stampi di lombrico, a differenza dei fertilizzanti sintetici, non bruciano le piante, il che consente di applicarli liberamente senza il rischio di un'eccessiva fertilizzazione.

2. Inizio del seme: Gli escrementi di lombrico creano un ambiente favorevole alla germinazione dei semi. Quando prepari i vassoi o i vasi per le sementi, combina il 20-30% di vermicompost con terriccio standard. Ciò migliora la ritenzione dell'umidità e fornisce alle giovani piantine nutrienti vitali durante le prime fasi di crescita. I getti di lombrico contengono anche ormoni della crescita che promuovono la formazione delle radici, dando alle piante un vantaggio.

3. Condimento superiore: Per le piante già stabilite, è possibile utilizzare il vermicompost come concimazione superiore. Durante tutta la stagione di crescita, applicare un sottile strato di getti attorno alla base di ciascuna pianta. Quando la pianta viene annaffiata, i nutrienti potrebbero gocciolare fino alle radici. È una tecnica semplice e che richiede poca manutenzione per nutrire costantemente le tue piante e migliorare la struttura del terreno.

4. Fertilizzante liquido (tè ai vermi): Un'altra eccellente applicazione è preparare il "tè ai vermi". Immergendo una manciata di vermi in acqua per 24-48 ore, puoi generare un fertilizzante liquido ricco di sostanze nutritive che può essere cosparso sulle foglie o versato attorno alle basi delle piante. Questo spray fogliare migliora la resistenza alle malattie e promuove una crescita sana consentendo l'assorbimento diretto dei nutrienti da parte dei tessuti vegetali.

5. Cura del prato: Anche i vermi possono aiutare il tuo prato. Un rivestimento sottile spruzzato sull'erba favorirà un migliore apparato radicale, aumenterà la ritenzione idrica e migliorerà la salute generale del prato senza l'uso di pesticidi sintetici. I getti rafforzano la resistenza del prato alla siccità e alle malattie, riducendo allo stesso tempo organicamente i livelli di paglia.

Vantaggi nutrizionali per la salute delle piante e del suolo

I vermicompost e il vermicompost sono ricchi di nutrienti importanti e microbi utili e questo li rende anche efficaci ammendanti naturali del terreno.

1. Composizione ricca di nutrienti: I getti di lombrico sono ricchi di nutrienti e contengono azoto, fosforo, potassio, calcio e magnesio, tutti elementi necessari alle piante per prosperare. Questi nutrienti sono in una forma che le piante possono facilmente assorbire, quindi sono immediatamente disponibili dopo l'applicazione. In confronto, il tipico compost impiega più tempo a decomporsi e rilasciare i nutrienti.

La caratteristica di lento rilascio dei vermi garantisce che le piante vengano nutrite in modo costante nel tempo, evitando la necessità di concimazioni frequenti. L'apporto costante di azoto favorisce inoltre lo sviluppo delle radici, dando vita a piante più forti e durevoli.

2. Microrganismi benefici: Uno dei vantaggi più significativi della colata a vite senza fine è la presenza di microrganismi benefici come batteri, funghi e protozoi. Questi batteri aiutano a scomporre i materiali organici nel terreno e promuovono il ciclo dei nutrienti, rendendo più facile per le piante ottenere i nutrienti di cui hanno bisogno. Aiutano anche a ridurre gli agenti patogeni pericolosi, che possono proteggere le piante dalle malattie.

3. Miglioramento della struttura del suolo e ritenzione dell'umidità: La struttura fine e friabile dei vermi migliora la struttura del terreno aumentando l'aerazione e il drenaggio. Ciò è particolarmente critico nei terreni argillosi spessi, che tendono a comprimere e impedire lo sviluppo delle radici. La struttura migliorata aiuta le radici a diffondersi più liberamente, dando vita a piante più sane.

I pezzi fusi a vite senza fine migliorano l'aerazione del terreno e allo stesso tempo aumentano la ritenzione dell'umidità. Ciò riduce al minimo la frequenza dell'irrigazione, rendendolo particolarmente utile nei climi aridi o durante i periodi di siccità. I getti funzionano come piccole spugne, trattengono l'umidità e la rilasciano lentamente quando le piante lo richiedono.

4. Bilanciamento del pH: I vermi contengono un pH neutro, che aiuta a bilanciare l'acidità e l'alcalinità del terreno. Ciò li rende adatti a un'ampia gamma di piante, come ortaggi, fiori e alberi da frutto. I vermi aiutano a bilanciare i livelli di pH del terreno, consentendo alle piante di assorbire meglio i nutrienti.

Come aumentare l'impatto del vermicompost nell'agricoltura biologica

Gli agricoltori biologici si rivolgono sempre più al vermicompost come soluzione sostenibile per migliorare i loro terreni senza utilizzare fertilizzanti sintetici. Il vermicompost non è solo una fonte di nutrimento, ma migliora anche la salute del suolo e aumenta la resa dei raccolti nei sistemi di agricoltura biologica. Ecco come puoi massimizzare la sua influenza.

1. Costruire la fertilità del suolo nel tempo: La chiave per utilizzare il vermicompost in modo efficiente è un'applicazione coerente nel tempo. A differenza dei fertilizzanti artificiali, che forniscono un immediato apporto nutrizionale, il vermicompost migliora gradualmente la salute del suolo a lungo termine. Puoi applicare il vermicompost in piccole quantità durante tutto l'anno per fornire un apporto costante di nutrienti e organismi benefici nel terreno.

2. Pacciamatura con Vermicompost: Oltre ad aggiungere vermicompost al terreno, puoi applicarlo come pacciame attorno alle colture. L'applicazione di uno spesso strato di vermicompost attorno alla base delle piante elimina le erbacce, trattiene l'umidità e nutre gradualmente le piante man mano che il materiale si degrada. La pacciamatura protegge inoltre il terreno dall'erosione e dalle variazioni di temperatura.

3. Collaborare con Compost: Anche se il vermicompost è ricco di sostanze nutritive, può essere molto più efficace se miscelato con il compost normale. La combinazione dei due si traduce in un forte ammendante del terreno che contiene sia nutrienti a rilascio rapido che a rilascio lento. La combinazione fornisce anche una gamma più ampia di microbi, che aumenta la fertilità del suolo e la resistenza alle malattie.

4. Applicazione a rotazione: Praticando la rotazione delle colture, puoi ripristinare il terreno tra le stagioni di crescita utilizzando il vermicompost. Ciò è particolarmente utile dopo aver piantato colture che richiedono nutrienti come mais o pomodori, che impoveriscono il terreno. Il vermicompost serve a ristabilire l'equilibrio, garantendo che il prossimo raccolto seminato in campo cresca in un ambiente ricco e fertile.

5. Aumento della resa delle piante e della resistenza alle malattie: È stato dimostrato che il vermicompost migliora notevolmente la resa delle piante, rendendolo uno strumento importante per gli agricoltori biologici. L'elevata concentrazione di sostanze nutritive e microbi utili favorisce lo sviluppo delle piante e la produzione di frutti. Inoltre, la composizione microbica del vermicompost aiuta le piante a resistere a malattie come il marciume radicale e la peronospora, riducendo al minimo la necessità di pesticidi e fungicidi artificiali.

Quindi, come agricoltore biologico, includere il vermicompost nei tuoi metodi agricoli può migliorare sia la salute del suolo che la produttività delle colture, garantendo raccolti sostenuti e produttivi anno dopo anno.

Per riassumere, i vermicompost e il vermicompost sono strumenti estremamente utili sia per i giardinieri che per l'agricoltura. La loro capacità di migliorare la salute del suolo, aumentare la disponibilità di nutrienti e incoraggiare metodi agricoli sostenibili li rende una componente necessaria di qualsiasi piano di fertilità del suolo. Gli stampi di lombrico possono essere utili sia che tu abbia un piccolo giardino o una grande fattoria biologica. per massimizzare il potenziale del tuo terreno. Fornisce una ricca materia organica che non solo migliora la struttura del suolo ma promuove anche la vita microbica benefica, essenziale per la crescita delle piante. Gli stampi di lombrico, in quanto fertilizzante a lenta cessione, forniscono un apporto costante di sostanze nutritive, eliminando la necessità di fertilizzanti sintetici dannosi per l'ambiente.

Gli stampi di lombrico possono aiutare le tue piante a crescere meglio, a produrre di più e a essere più resistenti a parassiti e malattie.

CAPITOLO 8

AMPLIARE IL TUO ALLEVAMENTO DI VERMI

Man mano che la tua attività di lombricoltura si espande, estendere le tue operazioni può essere una decisione gratificante e di successo. Sia che si voglia aumentare la produzione per uso personale o soddisfare le esigenze dei clienti commerciali, una pianificazione efficace è fondamentale. La procedura prevede l'aumento della popolazione di vermi, l'installazione di contenitori e attrezzature aggiuntivi e la gestione della logistica di un'azienda agricola più grande.

Come aumentare la popolazione di vermi in modo efficace

Aumentare la popolazione di vermi è il primo passo verso l'ampliamento della tua fattoria. I vermi sani e ben nutriti si moltiplicano rapidamente, ma esistono strategie specializzate per promuovere efficacemente questa crescita.

Condizioni di riproduzione ottimali: I vermi prosperano in condizioni con livelli equilibrati di temperatura, umidità e pH. La maggior parte dei vermi da compostaggio, tra cui l'Eisenia fetida (wiggler rossi), amano temperature comprese tra 13 °C e 25 °C (da 55 °F a 77 °F). Il mantenimento di questo intervallo di temperature porta a una riproduzione più rapida. Inoltre, è fondamentale mantenere il livello di umidità della biancheria da letto tra il 70 e l'80%. I vermi respirano attraverso la pelle, che richiede un'atmosfera umida; tuttavia, troppa acqua può causare scarsa aerazione e asfissia.

Approvvigionamento alimentare: Per sostenere una popolazione di vermi in crescita è necessaria una fonte di cibo ampia e diversificata. Dai ai tuoi vermi rifiuti organici come scarti vegetali, bucce di frutta e carta straccia. Aumentare gradualmente le quantità di cibo man mano che la popolazione cresce garantisce che i vermi abbiano molto da mangiare senza traboccare il contenitore. L'alimentazione regolare promuove la riproduzione poiché i vermi si riproducono solo se esiste una fonte di cibo sostenuta.

Spazio per crescere: I vermi si riproducono in modo più efficace quando hanno a disposizione un'area sufficiente per migrare e scavare. Gli ambienti sovraffollati possono limitare la riproduzione innescando una reazione biologica che impedisce la futura espansione della popolazione. Se i tuoi contenitori si stanno riempiendo rapidamente, è tempo di espanderli o impostare nuovi processi.

Strategie di allevamento: I vermi si riproducono formando bozzoli da cui si schiudono i vermi appena nati. Incoraggiare la rapida creazione del bozzolo implica un'alimentazione regolare e il monitoraggio dei parametri ambientali. Man mano che la popolazione di vermi cresce, potresti considerare di dividerli in vari contenitori per ridurre il sovraffollamento, il che aumenterà la loro capacità di riprodursi. Puoi anche raccogliere e separare fisicamente i bozzoli dal compost per incubarli in un ambiente controllato, il che può accelerare la crescita della popolazione.

Impostazione di più contenitori e sistemi

Man mano che la tua popolazione di vermi si espande, avrai bisogno di un'area aggiuntiva per ospitarli. L'espansione della tua fattoria implica l'installazione di nuovi contenitori e possibilmente la ricerca di vari tipi di sistemi per soddisfare le tue esigenze.

Scegliere i contenitori giusti: Quando scegli contenitori aggiuntivi, pensa al materiale (plastica, legno o metallo), alle dimensioni e alla ventilazione. I sistemi a flusso continuo sono comunemente utilizzati in operazioni su larga scala perché automatizzano gli aspetti del processo di raccolta e riducono i costi di manodopera. Se hai a che fare con operazioni più piccole, andranno bene i sistemi di vassoi impilabili o semplici contenitori con drenaggio e ventilazione sufficienti. Assicurati che i nuovi contenitori abbiano abbastanza spazio per la circolazione dei vermi e la lettiera adeguata per evitare che l'umidità diventi fradicia.

Biancheria da letto e posizione: Riempi i nuovi contenitori con biancheria da letto adeguata, come giornali sminuzzati, cartone o fibra di cocco. La biancheria da letto deve essere bagnata ma non fradicia. È fondamentale mantenere un ambiente coerente in tutti i contenitori, quindi sforzati di imitare le circostanze che hanno avuto successo nella configurazione originale. Posiziona i contenitori in regioni che hanno una temperatura costante e sono protette dalle intemperie. Idealmente, i contenitori dovrebbero essere posizionati in aree esterne ombreggiate o al chiuso dove la temperatura può essere facilmente controllata.

Diversi sistemi per la crescita: Man mano che la tua attività cresce, potresti voler sperimentare diversi sistemi di vermicoltura. I sistemi a flusso continuo consentono di gestire volumi maggiori di compost e lombrichi alimentandoli da un'estremità e raccogliendo dall'altra. Un'altra opzione è il metodo dell'andana, che prevede la deposizione di lunghe file di compost per consentire attività su larga scala. Queste tecnologie sono comunemente impiegate nella lombricoltura commerciale perché semplificano, gestiscono e aumentano la produzione. In base allo spazio e alle risorse disponibili, determina quale sistema soddisfa meglio i tuoi obiettivi a lungo termine.

Transizione dei worm in nuovi contenitori: Quando aggiungi nuovi contenitori, trasferisci gradualmente parte della popolazione di vermi dal contenitore originale ai nuovi sistemi. Assicurarsi che ci siano cibo e biancheria da letto adeguati per mantenerli sani durante il turno. Una tecnica consiste nell'attirare i vermi fornendo cibo fresco nel nuovo contenitore, che li incoraggia a trasferirsi organicamente dal vecchio contenitore. In alternativa, puoi raccogliere a mano pezzi di vermi e compost nel nuovo sistema, facendo attenzione a non sconvolgere troppo gravemente il loro ambiente.

Gestione di un allevamento di lombrichi su larga scala

Una volta aumentata la popolazione di lombrichi e installate nuove tecnologie, la gestione di un allevamento di lombrichi su larga scala richiede una maggiore pianificazione e un monitoraggio frequente per garantire il successo.

Programma di alimentazione: Man mano che la popolazione di vermi cresce, aumenta anche la loro necessità di cibo. Dovrai creare un piano di alimentazione più regolare per garantire che i tuoi vermi abbiano abbastanza materia organica da digerire. Controlla la rapidità con cui i tuoi vermi consumano il cibo e regola la quantità secondo necessità. Un'alimentazione eccessiva può portare a problemi come odori sgradevoli e un aumento dei parassiti, quindi l'equilibrio è essenziale.

Condizioni di monitoraggio: Le aziende agricole più grandi hanno più fattori da controllare. Controlla regolarmente i livelli di umidità e pH di tutti i tuoi contenitori. Quanto più estesa è l'operazione, tanto più probabile è che un contenitore si asciughi o si bagni eccessivamente, pertanto è necessario un monitoraggio giornaliero o settimanale. Prendi in considerazione l'utilizzo di termometri e misuratori di umidità per garantire che tutti i tuoi sistemi funzionino alla massima efficienza.

Raccolta dei getti: Un'azienda agricola più grande produce più vermicomposti. Mantenere il processo di raccolta funzionante con successo richiede una gestione efficiente. I sistemi a flusso continuo semplificano la raccolta dei getti, ma anche con i normali contenitori, creare un ciclo in cui si raccoglie da contenitori specifici secondo un programma definito aiuterà a mantenere le cose organizzate. Usa i setacci per separare i vermi dai rigetti, quindi rimettili nei contenitori per continuare il compostaggio.

Gestione dei parassiti: Man mano che l'azienda agricola cresce di dimensioni, i parassiti potrebbero diventare sempre più un problema. Acari, mosche e altri insetti sgradevoli sono attratti dai materiali organici in decomposizione, quindi mantieni i contenitori puliti e coperti. Mantieni livelli di umidità adeguati, poiché condizioni troppo umide attireranno gli insetti. Trasforma il compost regolarmente ed evita di aggiungere troppi rifiuti alimentari acidi, come gli agrumi, poiché ciò può disturbare l'equilibrio e invitare creature indesiderate.

Operazioni di ridimensionamento per il profitto: Se intendi vendere vermi o vermi, determina come commercializzerai le tue offerte. Gli allevamenti di lombrichi su larga scala forniscono spesso integratori naturali del terreno a giardinieri, vivai e agricoltori locali. Esamina il tuo mercato locale per determinare la domanda e i prezzi del vermicompost. Potresti anche vendere i vermi in più ad altri compostatori o pescatori. Man mano che cresci, tenere traccia dei costi e dei profitti può aiutarti a garantire che il tuo allevamento di lombrichi sia sostenibile e redditizio.

Pertanto, espandere il tuo allevamento di lombrichi implica molto più che semplicemente aggiungere lombrichi e contenitori. Richiede una pianificazione strategica, un attento monitoraggio delle circostanze ambientali e un impegno per espandere la propria attività in modo sostenibile. Seguire queste procedure approfondite ti consentirà di costruire in modo efficiente il tuo allevamento di lombrichi e gestire un'operazione su larga scala che produce sia compost produttivo che una popolazione di lombrichi sana.

CAPITOLO 9

RISOLUZIONE DEI PROBLEMI E SFIDE COMUNI

L'allevamento dei lombrichi è un'impresa entusiasmante e appagante, ma non è priva di difficoltà. Ogni allevatore di lombrichi, sia esso un principiante o un professionista esperto, dovrà affrontare problemi che dovranno essere affrontati e risolti. Questo capitolo discute le sfide comuni dell'allevamento di lombrichi e presenta modi pratici per mantenere il tuo allevamento di lombrichi sano e produttivo.

Superare i problemi comuni legati all'allevamento dei lombrichi

1. Sovralimentazione:

Uno degli errori più comuni nell'allevamento dei lombrichi è la sovralimentazione. I vermi possono elaborare solo una certa quantità di cibo alla volta e fornirne una quantità eccessiva può provocare odori, parassiti e persino la morte dei vermi.

Segni di sovralimentazione:
Se il contenitore per i lombrichi emette un cattivo odore o se la lettiera appare eccessivamente umida e molle, probabilmente significa che stai nutrendo troppo i tuoi lombrichi. Inoltre, un aumento dei moscerini della frutta o di altri parassiti indica che il cibo si sta decomponendo troppo lentamente a causa del sovraccarico.

Soluzione: Per evitare un'alimentazione eccessiva, interrompere l'aggiunta di cibo finché i lombrichi non hanno elaborato ciò che è già nel contenitore. Potrebbe essere necessario rimuovere parte del cibo in eccesso per evitare che si rovini ulteriormente. In futuro, considera di somministrare ai tuoi vermi quantità minori a intervalli più frequenti. Una buona regola pratica è fornire cibo a settimana pari a circa la metà del peso dei vermi. Monitora regolarmente il contenitore e modifica la quantità di cibo in base alla rapidità con cui i vermi consumano il cibo.

2. Parassiti:

I parassiti possono entrare nel contenitore dei vermi e compromettere la salute dei tuoi vermi. Moscerini della frutta, formiche e diverse larve sono alcuni dei parassiti più comuni.

Misure preventive: Mantenere la spazzatura pulita e priva di rifiuti alimentari non consumati è fondamentale per prevenire l'infestazione da parassiti. I parassiti possono anche essere scoraggiati coprendo gli avanzi di cibo con materiale da lettiera e mantenendo costanti i livelli di umidità.

Soluzioni: Nel caso in cui i parassiti diventino un problema, il primo passo è identificare il tipo di parassita. Coprire più accuratamente gli avanzi di cibo aiuterà a scoraggiare i moscerini della frutta. Per le formiche, assicurati che il contenitore sia fissato e che non vi siano fonti di cibo lasciate all'esterno. Potrebbe anche essere necessario spostare il contenitore o utilizzare trappole specifiche per i parassiti. Il monitoraggio e la pulizia regolari del contenitore possono contribuire a ridurre i problemi legati agli insetti nel lungo periodo.

3. Problemi di salute dei vermi:

I vermi possono mostrare segni di stress o malattia a causa di una serie di circostanze, tra cui alimentazione inappropriata, temperature rigide o disposizione inadeguata della lettiera.

Gli indicatori di stress includono che i vermi non si muovono attivamente, appaiono raggruppati insieme o escono dal contenitore.

Soluzione: Valuta le condizioni del tuo contenitore. Assicurati che i livelli di umidità siano adeguati (75-85% di umidità è ottimale), che il pH sia regolato (6,0-8,0) e che la lettiera sia accettabile per i tuoi vermi. Se i vermi fuggono, è possibile che il loro ambiente sia troppo umido o troppo caldo, quindi considera di trasferirli o di modificare la temperatura del contenitore.

Garantire la longevità e la sostenibilità del tuo allevamento di lombrichi

Un allevamento di lombrichi di successo richiede attenzione alle tecniche di sostenibilità e ai piani a lungo termine. Ecco alcuni modi per aiutare i tuoi vermi a sopravvivere a lungo termine:

1. Diversificare la dieta dei vermi:
Di rRuotare e variare regolarmente la dieta dei vermi favorisce la loro crescita sana e impedisce loro di diventare dipendenti da un'unica fonte di cibo. Incorporare una serie di scarti di cucina, rifiuti di giardino e detriti organici garantisce che i vermi abbiano una dieta ben bilanciata e ricca di sostanze nutritive.

2. Manutenzione e monitoraggio regolari:

Il monitoraggio costante delle condizioni del contenitore dei vermi è essenziale. Monitora mensilmente i livelli di umidità e tieni d'occhio la popolazione dei vermi. Se noti problemi di salute o una diminuzione dei numeri, affrontali immediatamente per evitare un problema più grande.

3. Gestione della biancheria da letto:

Anche l'uso del materiale da lettiera appropriato è importante per la salute dei vermi. Materiali organici come giornali sminuzzati, cartone o fibra di cocco costituiscono un habitat ideale. Per mantenerli sani, cambia o rinnova regolarmente la loro lettiera.

4. Riduzione dei rifiuti:

Un vantaggio dell'allevamento dei lombrichi è che aiuta a ridurre gli sprechi. Il compostaggio degli scarti di cucina e di altri rifiuti organici crea un ciclo sostenibile. Mirare a ridurre gli sprechi riutilizzando una varietà di rifiuti alimentari che altrimenti potrebbero finire nelle discariche.

Soluzioni pratiche alle fluttuazioni di temperatura e umidità

I livelli di temperatura e umidità nel contenitore per i vermi hanno un impatto significativo sulla salute dei tuoi vermi. Possono verificarsi fluttuazioni a causa di cambiamenti ambientali o condizioni errate del contenitore. Ecco come affrontare queste difficoltà in modo efficace:

1. Monitoraggio della temperatura:

I vermi prosperano meglio a temperature comprese tra 13 °C e 25 °C (da 55 °F a 77 °F). I vermi possono morire in condizioni di caldo estremo e le temperature fredde possono rallentare il loro metabolismo.

Soluzioni: Usa i termometri per controllare la temperatura del contenitore per i vermi. Se vivi in una zona con condizioni meteorologiche avverse, prova a isolare il contenitore con delle coperte o a conservarlo in un ambiente a temperatura controllata, come un seminterrato. Se la temperatura esterna supera i livelli consigliati, portare il contenitore all'interno o fornire ombra può essere d'aiuto.

2. Gestione dell'umidità:

L'umidità è necessaria per la salute dei vermi, ma troppa o troppo poca potrebbe essere dannosa. La biancheria da letto deve essere umida, ma non impregnata d'acqua.

Soluzioni: Se la biancheria da letto sembra asciutta, cospargerla delicatamente con acqua per aggiungere umidità. Se la biancheria da letto è eccessivamente bagnata, utilizzare materiale asciutto come giornali o cartone triturati per assorbire l'umidità in eccesso. Mantenere un drenaggio adeguato nel contenitore dei lombrichi riduce anche la raccolta di acqua.

3. Regolazione della posizione del contenitore:

Se hai problemi a controllare la temperatura e i livelli di umidità, potrebbe essere il momento di spostare il contenitore dei vermi. Valuta la possibilità di trasferirlo in un luogo più stabile, lontano dalla luce solare diretta e dalle correnti d'aria.

Affrontare queste difficoltà tipiche garantirà un allevamento di lombrichi robusto e sostenibile. Comprendere le esigenze dei tuoi vermi e mantenere le circostanze adeguate ti consentirà di superare gli ostacoli e raccogliere i numerosi

benefici dell'allevamento di lombrichi negli anni
a venire.

CAPITOLO 10

IL FUTURO DELLA LOMBRICOLTURA

L'allevamento dei lombrichi, o vermicoltura, è cresciuto da un hobby di nicchia a una componente vitale dell'agricoltura sostenibile e della gestione dei rifiuti. Guardando al futuro della lombricoltura, è essenziale considerare le innovazioni nelle tecniche, la crescente domanda di vermicoltura e vermicompost e il modo in cui gli allevatori di lombrichi possono contribuire attivamente agli sforzi di sostenibilità.

Innovazioni nelle tecniche di lombricoltura

Il futuro dell'allevamento dei lombrichi è luminoso, grazie in gran parte alle continue innovazioni e ai progressi tecnologici. Diverse tecniche chiave stanno guadagnando terreno, aiutando gli allevatori di lombrichi a ottimizzare le loro operazioni e a migliorare la qualità dei loro prodotti:

Automazione e integrazione tecnologica: L'integrazione della tecnologia nell'allevamento dei lombrichi ha rivoluzionato il settore. I sistemi automatizzati per l'alimentazione, il monitoraggio delle condizioni ambientali e la raccolta dei getti di lombrico stanno diventando sempre più diffusi. I sensori che monitorano i livelli di umidità, temperatura e pH possono avvisare gli agricoltori quando sono necessari aggiustamenti, garantendo le condizioni ideali per la salute dei vermi. Questa tecnologia non solo migliora la produttività ma riduce anche i costi della manodopera, rendendo così l'allevamento dei lombrichi più accessibile ai nuovi agricoltori.

Sistemi biointensivi: I sistemi di allevamento di lombrichi biointensivi si concentrano sulla massimizzazione della produzione riducendo al minimo lo spazio. Tecniche come l'allevamento verticale di lombrichi e l'impilamento di contenitori per lombrichi consentono agli agricoltori di produrre più vermicompost per metro quadrato. Questi sistemi sono particolarmente interessanti negli ambienti urbani, dove lo spazio è spesso limitato. Utilizzando vassoi o torri, gli agricoltori possono impilare in modo efficiente i contenitori, il che rende più semplice la gestione di popolazioni più grandi di vermi in aree più piccole.

Materiali per la biancheria da letto migliorati: La scelta dei materiali della lettiera gioca un ruolo cruciale nella salute e nella produttività dei vermi. Opzioni innovative, come la fibra di cocco, la canapa e i sottoprodotti agricoli, vengono esplorate per i loro vantaggi rispetto ai materiali tradizionali per la biancheria da letto, come carta e cartone triturati. Queste opzioni spesso trattengono meglio l'umidità e forniscono nutrienti aggiuntivi, portando a vermi più sani e getti più ricchi di sostanze nutritive.

Ricerca e sviluppo sulle specie di vermi: L'esplorazione di varie specie di lombrichi ha portato alla scoperta di composter più efficienti. Ad esempio, l'Eisenia fetida (wiggler rosso) rimane popolare, ma altre specie sono allo studio per i loro adattamenti specifici a diversi ambienti e materie prime. Selezionando le specie migliori per condizioni particolari, gli agricoltori possono ottimizzare la produzione e migliorare la qualità complessiva del loro vermicompost.

Educazione e coinvolgimento della comunità: Man mano che il settore si evolve, le iniziative educative si stanno espandendo. Workshop, corsi online e programmi comunitari stanno diventando sempre più diffusi, consentendo così sia agli agricoltori nuovi che a quelli esperti di condividere conoscenze e migliori pratiche.

Promuovendo una cultura di apprendimento continuo, la comunità degli allevatori di lombrichi può garantire che le innovazioni siano ampiamente adottate e adattate alle varie situazioni agricole.

La crescente domanda di vermicoltura e vermicompost

La domanda di vermicoltura e vermicompost è in aumento, spinta dalla crescente consapevolezza delle pratiche sostenibili e dalla necessità di soluzioni di agricoltura biologica. Diversi fattori contribuiscono a questa crescita:

Pratiche di agricoltura sostenibile: Poiché sempre più agricoltori e giardinieri abbracciano pratiche sostenibili, il vermicompost sta ottenendo riconoscimenti per i suoi benefici. Ricco di sostanze nutritive, microrganismi benefici e materia organica, il vermicompost migliora la salute e la fertilità del suolo. Agisce come un fertilizzante naturale, riducendo la necessità di sostanze chimiche sintetiche che possono danneggiare l'ambiente. Il movimento dell'agricoltura biologica si sta espandendo e il vermicompost sta diventando una componente vitale di queste pratiche.

Soluzioni per la gestione dei rifiuti: Con le crescenti preoccupazioni sulla gestione dei rifiuti, la vermicoltura presenta una soluzione efficace per il riciclaggio dei rifiuti organici. Gli allevatori di lombrichi possono convertire gli scarti di cucina, i rifiuti del giardino e i residui agricoli in prezioso compost. Poiché le città e i comuni cercano strategie innovative di gestione dei rifiuti, si prevede che la domanda di operazioni di vermicoltura locale aumenterà.

Giardinaggio urbano e cura delle piante da interno: La tendenza del giardinaggio urbano è decollata, con sempre più persone che coltivano il proprio cibo in spazi limitati. Poiché le persone cercano soluzioni organiche per i loro giardini domestici, il vermicompost offre un'opzione sostenibile per arricchire il loro terreno. Inoltre, gli appassionati di piante da interno utilizzano sempre più i vermicomposti per migliorare la crescita delle piante, creando un mercato di nicchia per i prodotti di vermicompost.

Consapevolezza sui cambiamenti climatici: La crescente consapevolezza del cambiamento climatico e dei suoi impatti ha spinto i consumatori e le imprese a cercare soluzioni eco-compatibili. Il vermicompostaggio contribuisce al sequestro del carbonio, poiché arricchisce il suolo e migliora la sua capacità di immagazzinare carbonio. Poiché le aziende mirano a migliorare le proprie credenziali di sostenibilità, la collaborazione con gli allevatori di lombrichi locali per utilizzare il vermicompost può fornire un vantaggio competitivo.

Ricerca e collaborazione: La ricerca in corso sui benefici del vermicompost sta aprendo la strada a un maggiore utilizzo in vari settori agricoli. Gli studi dimostrano la sua efficacia nel migliorare i raccolti, nel migliorare la struttura del suolo e nel sostenere la salute delle piante. Le collaborazioni tra agricoltori, ricercatori e istituzioni agricole sono essenziali per promuovere i vantaggi della vermicoltura e ampliarne l'applicazione.

Come gli allevatori di lombrichi possono sostenere gli sforzi di sostenibilità

Gli allevatori di lombrichi sono in una posizione unica per contribuire a più ampi sforzi di sostenibilità. Adottando pratiche rispettose dell'ambiente e promuovendone i benefici, possono svolgere un ruolo fondamentale nella promozione di un futuro sostenibile:

Formazione e patrocinio: Gli allevatori di lombrichi possono educare le loro comunità sui vantaggi del vermicompostaggio e sulle pratiche sostenibili. Ospitando seminari, offrendo dimostrazioni o interagendo con scuole e gruppi comunitari, possono aumentare la consapevolezza su come l'allevamento dei lombrichi contribuisce alla riduzione dei rifiuti e alla salute del suolo. Il sostegno a politiche e pratiche di sostegno può incoraggiare ulteriormente l'agricoltura sostenibile.

Iniziative di collaborazione: Le partnership con imprese, scuole e comuni locali possono amplificare l'impatto dell'allevamento di lombrichi. Ad esempio, collaborare con i ristoranti per raccogliere gli avanzi alimentari da sottoporre a compostaggio o coinvolgere le scuole in progetti di vermicoltura può favorire un senso di comunità promuovendo al tempo stesso la sostenibilità. Queste iniziative possono anche dimostrare i vantaggi pratici del vermicompostaggio.

Ridurre gli input chimici: Gli allevatori di lombrichi possono dare l'esempio riducendo al minimo o eliminando l'uso di fertilizzanti sintetici e pesticidi nelle loro attività. Dimostrando l'efficacia degli input naturali come il vermicompost, possono ispirare altri nella loro comunità ad adottare pratiche simili, riducendo la dipendenza complessiva dalle sostanze chimiche in agricoltura.

Partecipare alla ricerca: L'impegno in iniziative di ricerca incentrate sulla vermicoltura può contribuire allo sviluppo di migliori pratiche e tecniche innovative. La collaborazione con università e istituzioni agricole può aiutare a raccogliere dati preziosi, migliorare le pratiche agricole e convalidare i vantaggi del vermicomposting.

Avanzamento delle certificazioni sostenibili: La ricerca di certificazioni che mettano in risalto le pratiche sostenibili può migliorare la credibilità e la commerciabilità di un allevatore di lombrichi. Attraverso certificazioni biologiche o badge di sostenibilità, queste credenziali possono attrarre clienti che danno priorità ai prodotti rispettosi dell'ambiente.

Il futuro dell'allevamento dei lombrichi è destinato a crescere, guidato dall'innovazione, dalla crescente domanda e dall'impegno collettivo per la sostenibilità. Abbracciando nuove tecniche, promuovendo i benefici del vermicompostaggio e impegnandosi attivamente negli sforzi di sostenibilità, gli allevatori di lombrichi possono modellare un paesaggio agricolo più sostenibile. Con l'evoluzione del settore, la relazione simbiotica tra i vermi e l'ambiente continuerà a prosperare, fornendo soluzioni essenziali per un pianeta più sano.

CAPITOLO 11

CONCLUSIONE FINALE: UNA GUIDA AL SUCCESSO PER UN ALLEVATORE DI VERMI

Quando intraprendi il tuo viaggio nell'allevamento dei lombrichi, è essenziale riflettere sulla miriade di intuizioni ed esperienze che contribuiscono a un'operazione fiorente. In questo capitolo finale, distilleremo le strategie chiave per il successo, evidenzieremo percorsi per l'apprendimento continuo e identificheremo risorse e reti di supporto che possono migliorare il tuo percorso di allevamento di lombrichi.

Suggerimenti finali per un fiorente allevamento di lombrichi

Inizia in piccolo, scala gradualmente:
Molti allevatori di vermi di successo iniziano con una piccola installazione per comprendere le dinamiche della cura dei vermi, dell'alimentazione e dell'ambiente. Una piccola

operazione ti consente di monitorare da vicino i worm e apportare modifiche senza sopraffarti. Man mano che acquisisci sicurezza ed esperienza, puoi espandere le tue operazioni per soddisfare una maggiore domanda o esplorare diverse tecniche agricole.

Mantenere condizioni ottimali:
Un'attenzione costante alle condizioni all'interno del tuo allevamento di lombrichi è fondamentale. I lombrichi prosperano in un ambiente umido, idealmente con un livello di pH compreso tra 6,0 e 7,0. Controlla regolarmente i livelli di umidità e regola i materiali della lettiera per assicurarti che rimangano adatti ai tuoi vermi. Il monitoraggio della temperatura è altrettanto importante, poiché i vermi preferiscono un intervallo compreso tra 55°F e 77°F. Le fluttuazioni improvvise possono stressare i tuoi vermi e avere un impatto sulla loro salute.

Nutrire saggiamente e regolarmente:

I vermi non sono mangiatori schizzinosi, ma fornire una dieta equilibrata è vitale per la loro salute e produttività. Incorpora un mix di scarti di cucina, giornali triturati e materiali compostabili. Evitare la sovralimentazione, poiché il cibo in eccesso può causare cattivi odori e parassiti. Una buona pratica è dar loro da mangiare in quantità minori e più frequentemente, in modo da poter osservare le loro abitudini alimentari e adattarle secondo necessità.

Attenzione ai segnali di stress:
Osserva regolarmente i tuoi vermi per rilevare segni di disagio, come comportamento insolito, letargia o fuga dal cestino. Questi segni possono indicare problemi con l'umidità, la temperatura o l'alimentazione. Affrontare tempestivamente i problemi può prevenire problemi più grandi e garantire che i tuoi vermi rimangano sani.

Praticare buone tecniche di raccolta:

Quando arriva il momento del raccolto, fallo con cura. Utilizza tecniche che riducano al minimo lo stress sui vermi, come l'esposizione alla luce per incoraggiarli a spostarsi più in profondità nella lettiera. La raccolta in lotti anziché tutta in una volta può aiutare a mantenere la popolazione di vermi fornendo allo stesso tempo il vermicompost ricco di sostanze nutritive di cui hai bisogno per i tuoi sforzi di giardinaggio o agricoltura.

Conserva i registri:
Documentare le tue pratiche, osservazioni e risultati ha un valore inestimabile. Tenere un diario o un diario di bordo può aiutarti a tenere traccia dei tassi di crescita, dei modelli di alimentazione e delle condizioni ambientali. Queste informazioni non solo ti aiuteranno a ottimizzare le tue pratiche, ma possono anche fungere da utile riferimento per la risoluzione di problemi futuri.

Come continuare ad apprendere e crescere nell'allevamento di lombrichi

Partecipa a workshop e lezioni:
Partecipare a workshop o lezioni locali può
fornirti esperienze pratiche e approfondimenti da
parte di allevatori di lombrichi esperti. Molti
servizi di divulgazione agricola e club di
giardinaggio offrono risorse e sessioni di
formazione. Il coinvolgimento con gli esperti
può farti conoscere tecniche avanzate e nuove
tecnologie nella vermicoltura.

Rimani aggiornato su ricerche e tendenze:
Il settore della lombricoltura e del compostaggio
è in continua evoluzione. Iscriviti a riviste di
settore, newsletter o blog incentrati
sull'agricoltura sostenibile e sulla vermicoltura.
Restare al passo con gli studi più recenti può
fornirti idee innovative per migliorare le tue
pratiche e ampliare le tue conoscenze.

Sperimenta nuove tecniche:

Non esitare a provare nuovi metodi nella tua lombricoltura. Che si tratti di sperimentare diversi tipi di lettiera, di variare le pratiche di alimentazione o di utilizzare diverse specie di vermi, la sperimentazione può portare a scoperte che migliorano significativamente la tua attività.

Rete con altri allevatori di lombrichi:
Entrare in contatto con altri allevatori di lombrichi può favorire una comunità solidale in cui condividere esperienze, sfide e successi. Forum online e gruppi di social media dedicati alla vermicoltura possono essere eccellenti piattaforme di discussione e apprendimento.

Partecipare a Convegni ed Eventi:
Partecipare a fiere agricole, conferenze sulla sostenibilità o esposizioni incentrate sull'agricoltura biologica può espandere la tua rete e la tua base di conoscenze. Questi eventi spesso prevedono workshop, relatori e stand di venditori che mostrano nuovi prodotti e tecniche nell'allevamento dei lombrichi.

Risorse e reti di supporto per i lombricoltori

Forum e comunità online:
Siti web come Reddit o forum specializzati dedicati all'agricoltura biologica e alla vermicoltura sono ottimi per trovare supporto, porre domande e condividere esperienze. Partecipa a conversazioni e contribuisci con le tue intuizioni per costruire un senso di comunità.

Libri e pubblicazioni:
Numerosi libri e manuali forniscono informazioni approfondite sulle tecniche di lombricoltura, sulla biologia dei lombrichi e sulle migliori pratiche. Esplora sia i testi classici che le opere appena pubblicate per migliorare la tua comprensione e raccogliere idee innovative.

Uffici locali di estensione agricola:
Molte regioni dispongono di servizi di divulgazione agricola che forniscono risorse, seminari e consulenza individuale agli agricoltori locali. Possono offrire approfondimenti su misura per il tuo clima e le

tue condizioni specifiche, aiutandoti a ottimizzare le operazioni di lombricoltura.

Risorse per Università ed Enti di ricerca:
Molte università conducono ricerche sull'agricoltura e sulla vermicoltura sostenibili. Cerca programmi di estensione o pubblicazioni di istituzioni rispettabili che possano fornire pratiche basate sull'evidenza e risultati di ricerche all'avanguardia.

Gruppi e pagine di social media:
Piattaforme come Facebook e Instagram hanno numerosi gruppi dedicati alla lombricoltura. Queste community spesso condividono suggerimenti, storie di successo e risorse che possono aiutarti a rimanere motivato e informato.

Mercati e cooperative di agricoltori locali:
Interagire con i mercati degli agricoltori locali può metterti in contatto con altri coltivatori che potrebbero essere interessati a incorporare la vermicoltura nelle loro pratiche. Stabilire

rapporti con i coltivatori locali può portare a sforzi di collaborazione e risorse condivise.

Enti e Associazioni no-profit:
Le organizzazioni focalizzate sull'agricoltura sostenibile e sulla gestione ambientale spesso dispongono di risorse per gli allevatori di lombrichi. L'adesione a tali organizzazioni può fornire accesso a materiale didattico, opportunità di networking e potenziali finanziamenti per pratiche sostenibili.

Concludendo questa guida, ricorda che il viaggio di un allevatore di lombrichi non riguarda solo la coltivazione di lombrichi, ma anche il nutrimento di una mentalità di sostenibilità, curiosità e comunità. Le complessità dell'allevamento dei lombrichi richiedono pazienza, dedizione e volontà di adattamento. Seguendo le strategie delineate in questo capitolo, puoi costruire un'operazione di allevamento di lombrichi di successo e soddisfacente che contribuisca positivamente al tuo ambiente e alla tua comunità.

Il tuo viaggio è appena iniziato e con ogni verme di cui ti prendi cura e ogni chilo di vermicompost che produci, contribuisci a un futuro più sostenibile. Accetta le sfide e celebra i successi mentre prosegui su questo percorso gratificante. Felice allevamento di lombrichi.

www.ingramcontent.com/pod-product-compliance
Lightning Source LLC
Chambersburg PA
CBHW071511220526
45472CB00003B/985